BIBLIOTHÈQUE UTILE

A TOUS

NOUVEAU MANUEL

DU

MÉTRAGE ET DU CUBAGE

DES SOLIDES ET DES BOIS

CONTENANT

L'EXPOSITION DU SYSTÈME LÉGAL DES POIDS ET MESURES,

LES PRINCIPES ÉLÉMENTAIRES DE GÉOMÉTRIE

Appliqués à la mesure des surfaces et aux volumes des corps;

SUIVI

DES COMPTES FAITS

POUR MESURER LES BOIS CARRÉS ET LES BOIS EN GRUME,

A l'usage des marchands de bois

Et de toutes les personnes qui s'occupent de constructions;

PAR M. DOLIVET,

INSTITUTEUR DU DEGRÉ SUPÉRIEUR, AUTEUR DE PLUSIEURS OUVRAGES.

Orné d'une belle planche.

PRIX : 2 FR. 25 C.

SAINTES,

CHEZ FONTANIER, ÉDITEUR

DE LA BIBLIOTHÈQUE UTILE A TOUS.

1860.

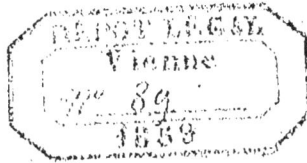

NOUVEAU MANUEL

DU

MÉTRAGE ET DU CUBAGE

DES SOLIDES ET DES BOIS.

Cet ouvrage étant ma propriété, je poursuivrai le contrefacteur, et seront réputés comme contrefaits tous les exemplaires non revêtus de ma signature.

C.

NOUVEAU MANUEL

DU

MÉTRAGE ET DU CUBAGE

DES SOLIDES ET DES BOIS

CONTENANT

L'EXPOSITION DU SYSTÈME LÉGAL DES POIDS ET MESURES,

LES PRINCIPES ÉLÉMENTAIRES DE GÉOMÉTRIE

Appliqués à la mesure des surfaces et aux volumes des corps ;

SUIVI

DES COMPTES FAITS

POUR MESURER LES BOIS CARRÉS ET LES BOIS EN GRUME,

A l'usage des marchands de bois

et de toutes les personnes qui s'occupent de constructions ;

PAR M. DOLIVET,

INSTITUTEUR DU DEGRÉ SUPÉRIEUR, AUTEUR DE PLUSIEURS OUVRAGES.

Orné d'une belle planche.

PRIX : **2 fr. 25** c.

SAINTES,

CHEZ FONTANIER, LIBRAIRE-ÉDITEUR.

1859.

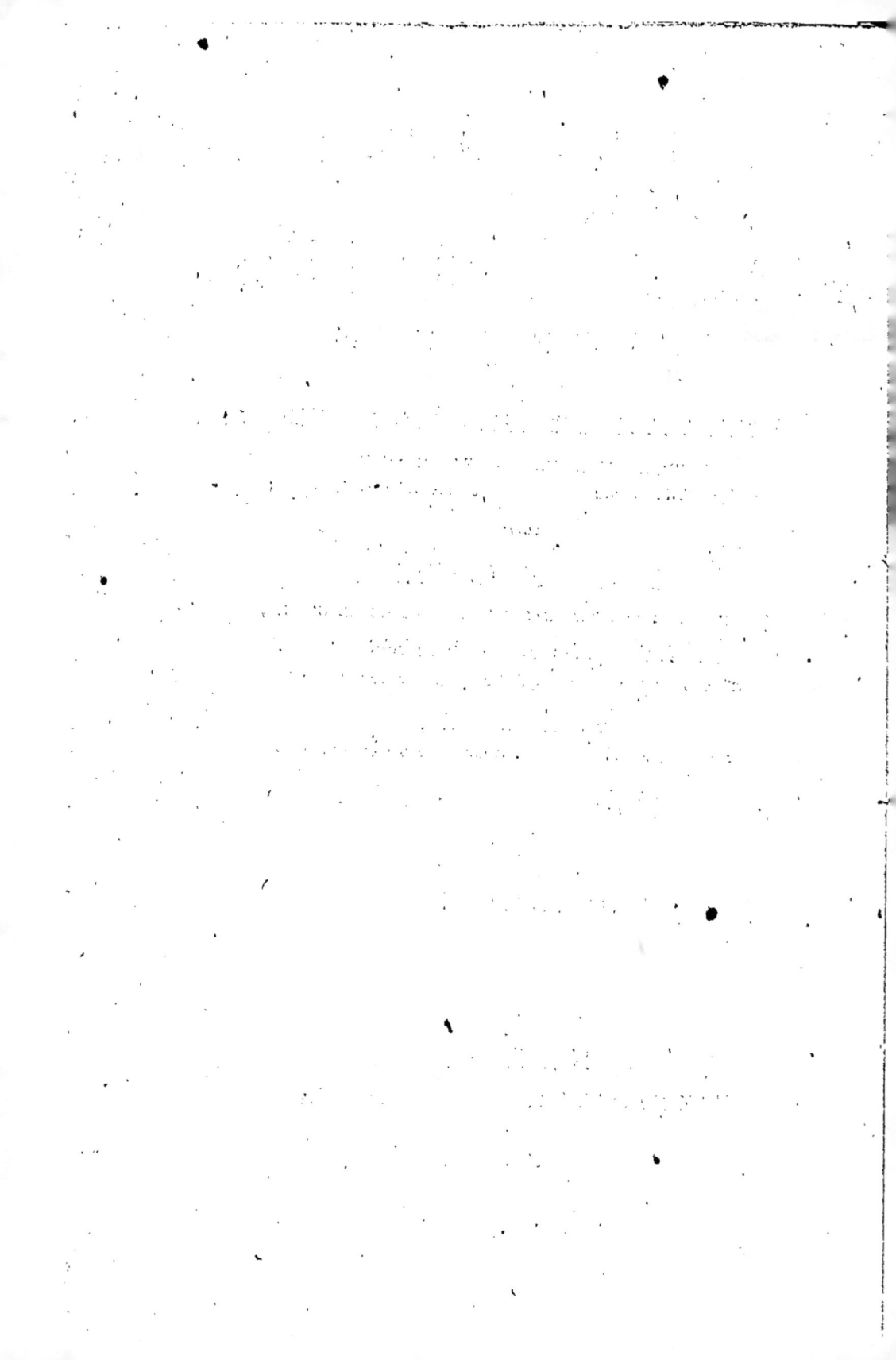

NOUVEAU MANUEL

DU

MÉTRAGE ET DU CUBAGE

DES SOLIDES ET DES BOIS.

SYSTÈME LÉGAL DES POIDS ET MESURES.

Le *système métrique* est l'ensemble des principes d'après lesquels on a déterminé d'une manière uniforme les poids et les mesures qui ont le mètre pour base, et dont l'usage est seul autorisé en France.

Le *système métrique* est ainsi appelé, parce que la base est le *mètre*; il est aussi appelé *décimal*, parce que ses *multiples* expriment des nombres qui égalent dix, cent, mille unités, et ses *sous-multiples*, des nombres qui sont la dixième, la centième, la millième partie de l'unité. On l'appelle encore *légal*, parce qu'il est prescrit par la loi.

SYSTÈME MÉTRIQUE DÉCIMAL.

Les unités principales du système métrique sont :
1° Le mètre ;
2° Le mètre carré;
3° L'are ;

1*

4° Le mètre cube;

5° Le stère;

6° Le litre ;

7° Le gramme ;

8° Le franc.

On entend par *unité*, une des choses dont on parle, une des choses que l'on a en vue, lorsqu'il s'agit de compter ou de désigner combien il y en a de semblables dans une quantité.

Ainsi, dans 45 mètres :

Un mètre est l'unité ;

45 est le nombre ;

Et le mot *mètre* est l'espèce de l'unité.

Dans 76 kilogrammes :

Un kilog. est l'unité ;

76 kilog. est le nombre ;

Et le mot *kilog.* est l'espèce de l'unité, etc., pour toute chose qui sert de terme de comparaison.

Multiples et sous-multiples des unités métriques.

Les mots multiples sont au nombre de quatre :

Déca,	qui signifie	10;
Hecto,	—	100;
Kilo,	—	1000;
Myria,	—	10000;

Les mots sous-multiples sont au nombre de trois :

Déci,	qui signifie	10e;
Centi,	—	100e;

Milli, qui signifie   1000ᵉ.

Déca, placé devant un nom d'unité, indique donc une mesure égale à dix fois cette unité ;

Hecto, une mesure égale à cent fois l'unité ;

Kilo, une mesure égale à mille fois l'unité ;

Myria, une mesure égale à dix mille fois l'unité.

Décamètre, par exemple, exprime une mesure de dix mètres ;

Hectolitre, une mesure de cent litres ;

Kilogramme, un poids de mille grammes ;

Ainsi des autres.

Les mots sous-multiples doivent être également suivis d'un nom d'unité ; donc :

Déci, placé devant un nom d'unité, indique une mesure égale à la dixième partie de cette unité ;

Centi, une mesure égale à la centième partie de l'unité ;

Milli, une mesure égale à la millième partie de l'unité.

Un décimètre, par exemple, exprime une mesure égale à la dixième partie du mètre ;

Un centigramme, une mesure égale à la centième partie du gramme ; ainsi des autres.

Il faut donc cinq chiffres pour représenter les myria, quatre pour les kilo, trois pour les hecto, deux pour les déca, etc.

Tableau des unités et de leurs mots multiples.

Pour dire 10 mètres,	dites : *un déca.*	}	Unité :
Pour dire 100 mètres,	— *un hecto.*	}	*mètre.*
Pour dire 1,000 mètres,	— *un kilo.*	}	
Pour dire 0,00· mètres,	— *un myria.*	}	
Pour dire 10 grammes,	dites : *un déca.*	}	Unité :
Pour dire 100 grammes,	— *un hecto.*	}	*gramme*
Pour dire 1,000 grammes,	— *un kilo.*	}	
Pour dire 10,000 grammes,	— *un myria.*	}	
Pour dire 10 litres,	dites : *un déca.*	}	Unité :
Pour dire 100 litres,	— *un hecto.*	}	*litre.*
Pour dire 1,000 litres,	— *un kilo.*	}	
Pour dire 10 stères,	dites : *un déca.*	{	Unité : *stère.*
Pour dire 100 arcs,	— *un hecto.*	{	Unité : *are.*
Le franc n'a point de multiples.		{	Unité : *franc.*

Tableau des unités et des mots sous-multiples.

Au lieu de dire un dixième de mètre, dites : *un déci.* .	}	Unité :
Pour un centième de mètre,	— *un centi.* .	}	*mètre.*
Pour un millième de mètre,	— *un milli.* .	}	
Au lieu de dire un dixième de gramme, dites : *un déci.* .	}	Unité :
Pour un centième de gramme,	— *un centi.* . .	}	*gramme*
Pour un millième de gramme,	— *un milli.* . .	}	
Au lieu de dire un dixième de litre, dites : *un déci.* . .	}	Unité :
Pour un centième de litre,	— *un centi.* . .	}	*litre.*
Cette mesure n'est d'usage que dans les comptes : *un milli.*	}	

Le stère et l'arc n'ont qu'un sous-multiple.	{ *Déci.* .	{ Unité : *stère.*
	{ *Centi.* .	{ Unité : *are.*

Le millième de franc n'est point monnayé;	{ *Décime.* .	} Unité :
il ne sert que pour les comptes. . . .	{ *Centime.* .	} *franc.*
	{ *Millième.*	

10 milli valent 1 centi, ou bien 10 millimètres valent 1 centimètre.
10 centi — 1 déci, — 10 centimètres — 1 décimètre.
10 déci — 1 unité, — 10 décimètres — 1 mètre.
10 unités — 1 déca, — 10 mètres — 1 décamètre.
10 déca — 1 hecto, — 10 décamètres — 1 hectomètre.
10 hecto — 1 kilo, — 10 hectomètres — 1 kilomètre.
10 kilo — 1 myria, — 10 kilomètres — 1 myriamètre.

Numération décimale.

PROGRESSION CROISSANTE.				PROGRESSION DÉCROISSANTE.			
Myria,	kilo,	hecto,	déca.	Unité,	déci,	centi,	milli.
10,000	1,000	100	10	0	10e	100e	1,000e

Mesures de longueur.

On appelle mesures de longueur celles dont on se sert pour mesurer l'étendue considérée comme *ligne*, telles que la longueur d'une allée, d'une route, la taille d'un homme, la longueur d'une pièce d'étoffe, la largeur d'une rue, la hauteur d'un édifice, l'épaisseur d'un mur, d'une table, d'une planche, d'un morceau de fer, etc.

On divise les mesures de longueur en mesures de *longueur proprement dites,* et en *mesures itinéraires.*

MESURES DE LONGUEUR PROPREMENT DITES.

L'unité des mesures de longueur est le *mètre,* qui égale la dix-millionième partie du quart du méridien terrestre ou de la circonférence du globe terrestre.

On a pris le mètre dans la nature et la dix-millionième partie du quart du méridien, parce qu'elle constitue une mesure usuelle plus commode que toute autre, et qu'ensuite il est impossible de la perdre.

Les multiples du mètre sont :

Le décamètre, qui égale   10 mètres;

L'hectomètre,   —   100

Etc.

Les sous-multiples du mètre sont :

Le décimètre, qui égale la 10ᵉ partie du mètre ;

Le centimètre,   —   la 100ᵉ   —

Etc. (*Voir* la nomenclature qui précède, p. 8.)

MESURES ITINÉRAIRES.

Les mesures itinéraires sont celles qui servent à évaluer les distances géographiques, comme d'un lieu à un autre, d'une ville à une autre ville.

Ces mesures sont : *le myriamètre*, *le kilomètre*, *l'hectomètre*. Sur les routes, la longueur est indiquée par des bornes placées à la distance d'un kilomètre ou 1.000 mètres.

Mesures de surface ou de superficie.

Les mesures de surface sont celles dont on se sert pour évaluer l'étendue, considérée sous le rapport de deux dimensions, *longueur* et *largeur*.

On les divise en trois classes :

1° Les *mesures de superficie* proprement dites ;

2° Les *mesures topographiques* ;

3° Les *mesures agraires*.

MESURES DE SUPERFICIE PROPREMENT DITES.

Mètre carré.

L'unité dont on se sert pour mesurer les superficies est le *mètre carré*, ou *un carré dont les côtés ont un mètre de longueur*.

Les multiples du mètre carré sont :

Le *décamètre carré*, qui est un carré de dix mètres de côté, renfermant 100 mètres de superficie ;

L'*hectomètre carré*, qui est un carré de 100 mèt. de côté, renfermant 10,000 mèt. de superficie ;

Le *kilomètre carré*, qui est un carré de 1,000 mèt. de côté, renfermant 1,000,000 de mèt. de superficie ;

Le *myriamètre carré*, qui est un carré de 10,000 m. de côté, 100,000,000 de mèt. de superficie.

Ces trois dernières superficies sont appelées *mesures topographiques*, parce qu'elles servent à déterminer l'étendue d'un État, d'un département, d'un canton, d'une commune, etc.

Les *sous multiples* du mètre carré sont :

1° Le *décimètre carré*, qui est un carré d'un décimètre de côté. Il y en a 100 dans le mètre carré, ce qui veut dire que, pour écrire les *décimètres carrés*, il faut *deux chiffres décimaux* ;

2° Le *centimètre carré*, qui est un carré d'un centimètre carré. Il y en a 10,000 dans le mètre carré, ce qui veut dire que, pour écrire les *centimètres carrés*, il faut *quatre chiffres décimaux* ;

5° Le *millimètre carré* est un carré d'*un millimètre de côté*. Il y en a **1,000,000** dans le mètre carré, ce qui veut dire que, pour écrire les *millimètres carrés*, il faut *six chiffres décimaux*.

Soit donc à écrire le nombre trente mètres carrés, vingt-cinq décimètres carrés, quatre centimètres carrés, cinquante-six millimètres carrés, on écrira ainsi :

30 mèt. carr. 250456.

Pour prouver qu'un mètre carré vaut **100** décimètres carrés, comme nous venons de le dire, il faut supposer que la figure suivante *a b c d* soit un mètre carré ou un carré d'un mètre de côté.

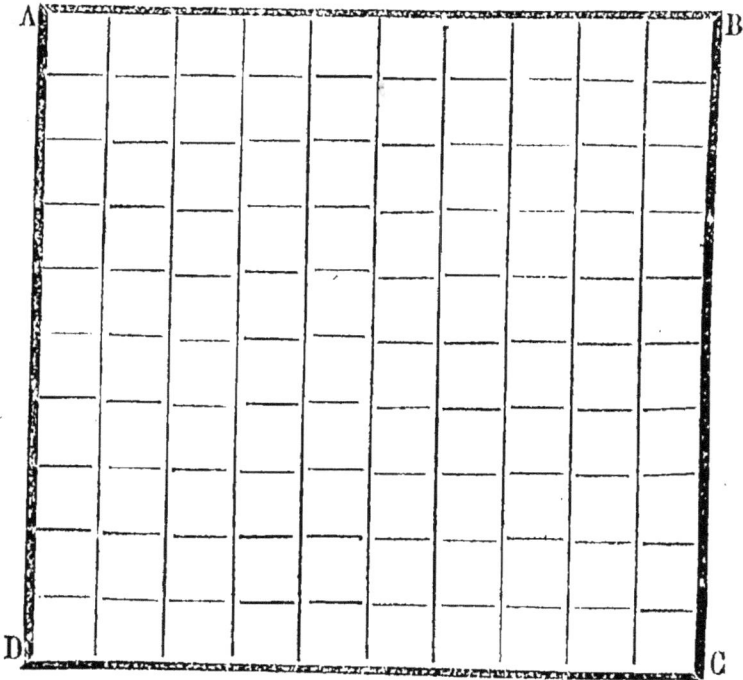

Si l'on divise la longueur AB et la largeur AD en 10 parties égales, chacune de ces petites parties aura un décimètre de longueur. Si maintenant on tire par chaque point de division les lignes représentées, on aura dans chaque rangée horizontale 10 petits carrés d'un décimètre de côté, c'est-à-dire 10 décimètres carrés; et comme on a dix rangées semblables dans le mètre carré, il vaut par conséquent 10 fois dix décimètres carrés ou *cent* décimètres carrés.

On prouverait de la même manière qu'un *décamètre carré* vaut 100 mètres carrés, qu'un *décimètre carré* vaut cent centimètres carrés, etc.

Le mètre carré, qui est d'un fréquent usage, sert à évaluer toutes les surfaces relatives aux travaux de menuiserie, maçonnerie, peinture, etc.

MESURES AGRAIRES.

Are.

L'unité des *mesures agraires*, c'est-à-dire celles qui servent à mesurer les champs, est l'*are* : c'est un carré dont chaque côté a dix mètres de longueur; par conséquent, cent mètres carrés.

Ainsi, dans la fig. A B C D, si le côté D C avait 10 m., la surface entière serait *un are*.

L'are n'a qu'un multiple, qui est l'*hectare*, mesure de *cent ares*.

Ainsi, dans la fig. A B C D, si le côté D C avait 100 m., la surface entière serait *un hectare.*

L'are n'a également qu'un sous-multiple, qui est le *centiare,* mesure égale à la centième partie de l'are : c'est un carré d'un mètre de côté, et par conséquent *un mètre carré.*

Ainsi, dans la fig. A B C D, si le côté D C avait 10 m., la figure entière serait un are, et chaque carré dessiné *un centiare,* ou un carré qui aurait un mètre de côté.

Toutes les fois donc qu'on aura obtenu une surface en mètres carrés, pour avoir des ares et des hectares, il suffira de séparer par une virgule les deux premiers chiffres ; et pour avoir des hectares, d'en séparer deux autres par un trait.

Le nombre suivant, ayant 47.896 mètres carrés, se lira : 4 hectares 78 ares 96 cent. Donc, pour exprimer des *centiares,* il faut deux chiffres décimaux.

Mesures de volume ou de solidité.

On appelle *mesures de solidité,* celles dont on se sert pour mesurer l'étendue considérée sous les trois dimensions, longueur, largeur et hauteur.

Ces mesures comprennent deux classes :

1° Les *mesures de solidité* proprement dites ;
2° Les mesures pour *le bois de chauffage.*

MESURES DE SOLIDITÉ PROPREMENT DITES.

Mètre cube.

L'unité des mesures pour les solides est le *mètre cube*, c'est-à-dire *un cube qui a un mètre de longueur, un mètre de largeur et un mètre de hauteur ou profondeur.*

La figure n° 49 du tableau représente un mètre cube, les arêtes A B, A C, A E, ayant un mètre de longueur.

Le mètre cube ne se joint pas aux mots multiples; on compte cette mesure avec les nombres ordinaires. On dit donc : 10 mètres cubes, 100 mèt. cub., 1,000 mèt. cubes.

Le mètre cube a trois sous-multiples :

1° Le *décimètre cube*, qui est un cube d'un décimètre de côté; il y en a 1,000 dans le mètre cube;

2° Le *centimètre cube*, qui est un cube d'un centimètre de côté; il y en a 1,000,000 dans le mètre cube;

5° Le *millimètre cube*, qui est un cube d'un millimètre de côté; il y en a 1,000,000,000 dans le mètre cube.

D'après ces nombres, il est facile de voir que, pour représenter des décimètres cubes, il faut trois chiffres décimaux; que, pour les centimètres cubes, il en faut six, et qu'enfin, pour les millimètres cubes, il en faut neuf.

Soit donc à écrire le nombre dix-sept mètres cubes, deux cent soixante-trois décimètres cubes, quatre-vingt-six centimètres cubes et vingt-sept millimètres cubes, on écrira :

17 mèt. cub. 265086027 millim. cubes.

On voit, en géométrie, que le volume d'un cube égale le produit des longueurs des trois arêtes qui forment le cube, ou la surface d'un de ses côtés pris pour base, multipliée par la hauteur.

Ainsi, si un cube avait en longueur 7 mèt. 257; largeur, 4 mèt. 360; épaisseur, 3 mèt. 956, il aurait pour cube : 125 mètres cubes, 169 décimèt. cubes, 897 centimètres cubes, 120 millimètres cubes.

Opération.

$$
\begin{array}{r}
7,257 \\
4,360 \\
\hline
435420 \\
21771 \\
29028 \\
\hline
31,640.520 \\
3,956 \\
\hline
189843120 \\
158202600 \\
284764680 \\
94921560 \\
\hline
125,169.897.120 \quad .
\end{array}
$$

Le *mètre cube* sert à évaluer les travaux de maçonnerie et de terrassements, les bois de construction, les blocs de pierre et de marbre, les pierres qui servent à ferrer les routes et à bâtir, le sable, le gravier, etc.

MESURES POUR LE BOIS DE CHAUFFAGE.

Stère.

L'unité des mesures pour le bois de chauffage est le stère; *c'est un solide qui égale un mètre cube.*

Pour mesurer des quantités de bois considérables, on se sert du *décastère*.

Le stère à un sous-multiple qui est le *décistère;* il est employé pour mesurer le bois d'œuvre.

Le décastère,	10 stères.
Le stère, mètre cube,	1
Le décistère,	0,1

Le bois se vend également au poids dans beaucoup de localités; à Paris, on évalue le poids du chêne à 450 kilog., celui du bouleau à 500.

Le poids ne représente qu'environ la moitié du poids du bois en volume réel et sans vide. Un morceau de bois de chêne d'un mètre cube peut peser, sec, environ 8 hectogrammes, soit 800 kilogr. le mètre cube. L'humidité du bois influe beaucoup sur la valeur réelle du bois vendu au poids. Le chêne fraîchement abattu contient 0,55 d'eau, et sec, il en retient encore 0,25; le peuplier, à l'état vert, contient 0,51 d'eau. Il faut donc, dans l'achat du bois au poids, tenir compte de l'état de siccité.

La mesure en usage pour le bois de chauffage est une

2*

membrure ou châssis, composée d'une sole et de deux
montants; la longueur de la sole est de 1 mèt., 2 mèt.
ou 5 mèt., suivant que la membrure doit mesurer un
stère, deux stères ou un demi-décastère. Lorsque la longueur de la bûche est de 1 mèt. juste, ces montants ont
également cette hauteur. Mais, dans certaines localités,
la bûche ayant plus ou moins que cette longueur, la
hauteur des montants est modifiée en conséquence.

La table suivante indique la hauteur qu'on doit donner
à la membrure, mesurant toujours 1 mètre entre les
montants, pour obtenir le stère avec des bois de diverses
longueurs, depuis 1 m. 42 jusqu'à 0 m. 70 :

Longueur de la bûche.	Hauteur de la membrure.	Longueur de la bûche.	Hauteur de la membrure.
1 m. 42	0 m. 70	1 m.	1 m.
1 38	0 73	0 98	1 3
1 34	0 75	0 94	1 6
1 30	0 77	9 90	1 11
1 26	0 79	0 86	1 16
1 22	0 82	0 82	1 22
1 18	0 85	0 78	1 28
1 14	0 88	0 74	1 36
1 10	0 91	0 70	1 43
1 06	0 94	0 66	1 52
1 02	0 98	0 62	1 61

La longueur des bûches peut encore apporter quel-
ques différences dans la contenance du stère, quand ces
bûches sont plus ou moins courbes. En général, le bois
cube d'autant plus que les bûches sont plus courtes.

Mesures de capacité.

Litre.

L'unité principale des mesures de capacité est le *litre* : *c'est un vase dont la contenance égale un décimètre cube.*

Les mesures de *capacité* sont celles qui servent à mesurer les *liquides*, comme l'eau, le vin, le cidre, la bière, l'eau-de-vie, etc.; et les matières sèches, comme le froment, le seigle, l'orge, l'avoine, les pois, les haricots, fèves, etc., etc.

La forme cubique n'étant pas commode pour les usages du commerce, on donne ordinairement au litre celle d'un cylindre ayant même contenance.

Les *multiples* du *litre* sont :

Le *décalitre*, qui égale   10 litres.

L'*hectolitre*,   —   100

Le *kilolitre*,   —   1,000

Les *sous-multiples* du *litre* sont :

Le *décilitre*, qui égale la 10° partie;

Le *centilitre*,   —   la 100° partie.

Dans la pratique, si l'on prend l'*hectolitre* pour *unité*, le premier chiffre décimal exprime des *décalitres*, le second des *litres*, etc.

Si l'on prend le décalitre pour unité, le premier chiffre décimal exprime des *litres*, le second des *décilitres*, etc.

Enfin, si l'on prend le *litre* pour unité, le premier

chiffre décimal exprime des *décilitres*, le second des *centilitres*, etc.

Mesures de poids.

Gramme.

Les mesures de poids sont celles dont on se sert pour peser.

L'unité principale des mesures de poids est le *gramme*, qui est un poids égal à celui d'un centimètre cube d'eau distillée prise à la température de 4 degrés au-dessous de 0, et pesée dans le vide.

L'instrument dont on se sert pour connaître le poids d'un corps est ordinairement une balance.

Le *gramme* est employé pour les matières légères, le *kilogramme* pour les matières pesantes.

Le poids de 1,000 *kilogrammes* est reconnu par la loi comme poids du tonneau de mer, qu'on désigne encore par le nom de *tonne*.

Le *quintal métrique* est un poids de 100 kilogr.

Voici les multiples et les sous-multiples du gramme :

Myriagramme, qui égale   10,000 grammes.
Kilogr.,   —   1,000
Hectogr.,   —   100
Décagr.,   —   10
Gramme, unité de poids.
Décigramme, qui égale   . 0 gr. 1

Centigr., qui égale   0 gr. 01
Milligr.,   —   0 — 001

Le *kilogramme* a donc pour *dixièmes* des hectogr., pour *centièmes* des décagrammes, pour *millièmes* des grammes; le *gramme*, à son tour, a pour *dixièmes* des décigrammes, pour *centièmes* des centigrammes, et pour *millièmes* des milligrammes.

Mesures monétaires.

Franc.

La monnaie ou mesure monétaire est celle qui évalue le prix des choses.

L'unité monétaire est *le franc ; c'est une pièce de monnaie du poids de cinq grammes, contenant neuf dixièmes d'argent et un dixième d'alliage.* (L'alliage a pour but de donner plus de dureté à la pièce et de couvrir les frais de fabrication.)

Le franc ne se lie à aucun des mots multiples. Voici la série des pièces de monnaie :

En cuivre, la pièce de un centime,   0 fr. 01
    —   —   de cinq centimes,   0   05, un sou.
    —   —   de dix centimes,   0   10, deux s.
En argent, la pièce de un franc,   unité, vingt sous.
    —   —   de cinquante cent.,   0   50, dix s.
    —   —   de deux francs,   2   quarante s.
    —   —   de cinq francs,   5   cent sous.

En or, la pièce de cinq francs,   5 fr.

—   —   de vingt francs,   20

—   —   de quarante francs,   40

Et quant au poids des pièces d'or et d'argent, la loi admet 5 millièmes en plus ou en moins.

MESURES DES SURFACES.

GÉOMÉTRIE USUELLE.

La géométrie est la science de l'étendue; elle a pour but de mesurer les *lignes*, les *surfaces* et les *solides*, d'en déterminer les positions, les rapports et d'en tracer les formes.

La *ligne* est une étendue en longueur;

La *surface*, une étendue en longueur et largeur.

Le *corps*, *solide* ou *volume* est une étendue en longueur, largeur, hauteur ou épaisseur.

Des lignes.

La *ligne droite* est celle dont tous les points sont dans la même direction; on ne peut mener qu'une ligne droite d'un point à un autre; telle est A B, fig. 1re.

La *ligne courbe* est celle qui n'est ni droite ni brisée : A o B, fig. 1re.

La *ligne brisée* est celle qui n'est composée que de lignes droites, fig. 1re, telle que B C d a.

Angles et perpendiculaires.

On distingue la *ligne horizontale*, la *verticale*, l'*oblique* et la *perpendiculaire*.

La *ligne horizontale*, fig. 2, A, est celle que présente la surface des eaux tranquilles.

La *ligne verticale*, B, est celle qui suit la direction du fil à plomb.

La *ligne oblique*, C, est celle qui tombe sur une autre en penchant plus d'un côté que de l'autre.

La *ligne perpendiculaire*, D, est celle qui tombe sur une autre sans pencher plus d'un côté que de l'autre.

Angles.

On appelle *angle*, l'ouverture plus ou moins grande de deux lignes qui se coupent en un point qu'on appelle **sommet**.

Il y en a de trois sortes :

L'*angle droit*, A, fig. 3, est formé par deux lignes perpendiculaires.

L'*angle aigu*, B, est plus petit que l'angle droit.

L'*angle obtus*, C, est plus grand que les deux autres.

Des lignes considérées à l'égard du cercle.

On appelle *circonférence* une ligne circulaire dont

tous les points sont également éloignés d'un point intérieur *m*, qu'on appelle *centre*. Fig. 4.

Les lignes, considérées à l'égard du cercle, sont : le *diamètre*, le *rayon*, les *arcs*, les *cordes*, la *flèche*, la *sécante* et la *tangente*.

Le *diamètre* est une droite A C, qui, passant par le centre, se termine de part et d'autre à la circonférence.

On appelle *rayon m d, m e*, qui mesurent la distance du centre à la circonférence.

Les *arcs* sont des portions de circonférence considérées séparément ; telles sont A l D, *d n e*, etc.

Les *cordes* sont des droites qui, pendant dans le cercle, se terminent aux extrémités des arcs A D, D C.

La *flèche*, A e, est une droite élevée perpendiculairement sur le milieu d'une corde.

La *sécante*, *f g*, passe dans le cercle, et coupe la circonférence en deux points.

La *tangente*, Il L, ne fait que toucher la circonférence que par un point.

On appelle *cercle* la superficie renfermée par la circonférence.

Toute circonférence de cercle se divise en 360 parties appelées *degrés*. Le degré se divise en 60 *minutes*, la minute en 60 *secondes*.

Ces divisions sont parfaitement indiquées sur le rapporteur en corne ou en cuivre qui accompagne toute boîte de compas.

A l'aide de ce petit instrument, on mesure les angles

et on détermine leur valeur. C'est ainsi que l'on voit bien que tout angle droit a 90 degrés ou le quart de toute circonférence.

Des perpendiculaires.

Les différents cas pour mener une ligne perpendiculaire à une autre sont au nombre de quatre :

1° Elever une ligne perpendiculaire sur le milieu d'une ligne donnée A B, fig. 5;

2° Ou par un point donné en dehors de la droite A B et au-dessus, fig. 6 ;

3° Ou à son extrémité, fig. 7 ;

4° Ou enfin vers l'extrémité de la ligne et en dehors, fig. 8.

1° *Soit à élever une perpendiculaire sur le milieu d'une ligne donnée, fig. 5.*

Il faut, de ses extrémités, et d'une ouverture de compas plus grande que la moitié de la ligne, décrire des arcs de cercle qui se coupent en D et en C, tirer la droite E D qui est la perpendiculaire.

2° *Par un point donné C hors de la droite A B, fig. 6.*

Du point C, et d'une ouverture égale à C L, décrire l'arc L M; puis, des points L et M, décrire en dessous deux arcs qui se coupent au point K; la droite C K est la perpendiculaire demandée.

3

3° *Elever une perpendiculaire à l'extrémité de la droite donnée A B*, fig. 7.

Du point C comme centre, et d'une ouverture égale à C B, décrire l'arc K B L, mener K C qui détermine le point L, et joignant L B, on a la perpendiculaire demandée.

4° *Soit enfin le point C donné en dehors et vers l'extrémité de la ligne donnée A B*, fig. 8.

Des points M et N, décrire deux arcs de cercle qui se coupent en C et en K; la ligne C K est la perpendiculaire demandée.

Pour élever des perpendiculaires, et pour tous les cas généralement, on se sert de l'équerre, que tout le monde connaît.

Des parallèles.

On appelle *lignes parallèles* celles qui sont partout également éloignées d'une autre ligne de même espèce.

Pour mener une parallèle à une ligne droite, il faut d'un point E, fig. 9, pris sur la ligne A B, et d'une ouverture de compas arbitraire, décrire une demi-circonférence A C D B, prendre une grandeur quelconque A C sur la demi-circonférence, et la porter de B en D; la droite qui passera par les points C et D sera la parallèle demandée.

Pour mener des parallèles à une ligne au moyen de l'équerre, on place l'un des côtés droits de l'équerre le

long de cette ligne, et on fixe une règle qui s'ajuste à
l'autre côté; toutes les lignes qu'on tirera en faisant
glisser l'équerre le long de la règle seront parallèles à
la ligne donnée.

Division des lignes.

Pour partager une ligne en deux parties égales, il faut
élever une ligne perpendiculaire sur son milieu.

Pour la partager en quatre, il faut opérer sur chacune
des parties comme sur la ligne totale.

Mais, pour diviser une droite en autant de parties
égales que l'on veut, par exemple V R, fig. 10, en cinq
parties ,

Il faut tirer une droite indéfinie A B; marquer dessus
autant de parties égales, prises arbitrairement, que la
question exige; prendre leur longueur totale A B, et, de
cette ouverture de compas et des points A et B, décrire
des arcs qui se coupent en D; joindre par des droites le
point d'intersection D à tous les points de section de la
ligne A B; prendre ensuite la longueur de la ligne donnée,
et la porter de D en G et H : les segments de cette der-
nière ligne sont égaux au cinquième de la droite donnée.

Copier les angles et les diviser.

Pour tracer, sur une ligne donnée, un angle égal à un
autre, par exemple, sur la ligne A B, fig. 11, un angle
égal à P, il faut de son extrémité A, et d'une ouverture

de compas arbitraire, décrire un arc C D; de la même
ouverture de compas en décrire un autre G E, à partir
de l'angle P; prendre sa grandeur E G et la porter de C
en D; tirer la ligne A 1, et on aura l'angle demandé.
D'après ce principe, il est aisé de comparer deux angles
et de déterminer leur valeur respective et leur différence.

Pour partager un angle en deux parties égales, on décrit de son sommet un arc quelconque D E, fig. 12; des
points D et E, on décrit d'autres arcs qui se coupent en
F; on tire ensuite la ligne A F, et l'angle est divisé en
deux parties égales.

Division de la circonférence du cercle.

Pour partager la circonférence en deux parties égales,
on la coupe par un diamètre B M ou A V, fig. 13.

Pour la partager en trois, en six et en douze parties
égales, fig. 14, on porte sur la circonférence une ouverture de compas égale au rayon du cercle, on a le sixième;
deux de ces parties prises ensemble en sont le tiers, et
chacune des premières, partagées en deux, en est le douzième. On aurait encore la douzième partie en portant la
longueur du rayon de V en e et de e en N, et ainsi de
suite pour les autres parties de la circonférence.

Pour diviser la circonférence en un nombre quelconque
de parties égales, par exemple la circonférence, fig. 15,
en sept parties égales, il faut diviser le diamètre en autant de parties égales que la circonférence doit en avoir;

des points D et N, et d'une ouverture de compas égale au diamètre D N, décrire des arcs qui se coupent en E; mener E B passant par la seconde division O du diamètre, et on aura N E pour la septième partie de la circonférence donnée.

Des triangles.

Un triangle est l'espace compris entre trois lignes, fig. 16, qui se coupent.

On distingue quatre sortes de triangles : le triangle équilatéral, qui a les trois côtés égaux, fig. 16; l'isocèle, qui a deux côtés égaux, fig. 17; le scalène, qui a les trois côtés inégaux, fig. 18, et le triangle rectangle, qui a un angle droit, fig. 19. Le grand côté du triangle rectangle s'appelle hypoténuse.

La hauteur d'un triangle est la perpendiculaire B A, fig. 16, abaissée de l'un des angles quelconques sur le côté opposé E D. L'angle d'où part la perpendiculaire se nomme sommet du triangle, et le côté sur lequel elle tombe se nomme base.

Des quadrilatères.

On appelle quadrilatère une figure de quatre côtés.

On distingue cinq sortes de quadrilatères : le *carré*, le *rectangle*, le *losange*, le *trapèze* et le *parallélo-gramme*.

3*

Le *carré* est une surface renfermée par quatre lignes droites formant quatre angles droits, fig. 20.

Le *rectangle* est un carré long, fig. 21.

Le *losange* est une surface renfermée par quatre lignes formant quatre angles, dont deux sont aigus et les deux autres obtus, fig. 22.

Le *trapèze* est un quadrilatère qui a deux côtés égaux, et les deux autres parallèles et inégaux, fig. 23.

Le *parallélogramme* est un quadrilatère dont les côtés sont parallèles deux à deux, fig. 24.

Des polygones.

On désigne les polygones en nommant le nombre de leurs côtés; cependant il y en a qui ont un nom qui leur est propre.

Ces polygones sont :

Le *triangle*, qui a trois côtés, fig. 16, 17, 18 et 19;

Le *quadrilatère*, qui a quatre côtés, fig. 20, 21, 22, 25 et 24;

Le *pentagone*, qui en a cinq;

L'*hexagone*, qui en a six, fig. 25;

L'*eptagone*, qui en a sept;

L'*octogone*, qui en a huit;

L'*ennéagone*, qui en a neuf;

Le *décagone*, qui en a dix;

L'*ondécagone*, qui en a onze;

Le *duodécagone*, qui en a douze.

Des solides.

On appelle *solides* des figures qui ont les trois dimensions : la *longueur*, la *largeur* et l'*épaisseur*.

Les principaux solides sont : le *cube*, le *parallélipipède*, le *prisme*, le *cylindre*, la *pyramide*, le *cône* et la *sphère*.

Le *cube* est une figure qui offre un carré égal sur ses six faces, fig. 27.

Le *parallélipipède* est un cube allongé, fig. 28.

Le *prisme* est un solide dont les deux bases opposées sont parallèles, et les côtés sont des parallélogrammes; fig. 29.

On distingue plusieurs sortes de prismes : le *prisme triangulaire, quadrangulaire*, etc., selon le polygone qui sert de base.

Le *cylindre* est un solide terminé par deux cercles égaux et parallèles, fig. 30. Il est oblique lorsque le côté est incliné à l'égard de la base; il est tronqué, lorsque le cercle supérieur n'est pas perpendiculaire au côté du cylindre.

La *pyramide* est un solide dont la base est un polygone rectiligne quelconque, et le sommet un point, fig. 51;

Le *cône*, un solide dont la base est une circonférence, et le sommet un point, fig. 52.

La *sphère* est un solide dont tous les points de la

surface sont également éloignés d'un point E situé dans son intérieur, fig. 55.

Mesure des surfaces.

Mesurer une *surface*, c'est chercher combien de fois elle contient une autre surface prise pour unité. De même que le *mètre linéaire* est l'unité de mesure de longueur, le *mètre carré* est l'unité de mesure des surfaces. Ainsi, évaluer la surface d'une cloison, d'une cour, d'un parterre, etc., c'est chercher combien de fois le *mètre carré* est contenu dans ce champ.

Voir, au système métrique, le *mètre carré*, ses *multiples* et *sous-multiples*.

Des triangles.

La surface d'un triangle s'obtient en multipliant sa hauteur par sa base, et prenant la moitié du produit.

Trouver la surface d'un triangle équilatéral dont la base a 28 m. 25, et sa hauteur, 16 m. 25; fig. 16.

Surface, $\dfrac{28,25 \times 16,25}{2} = 229$ mèt. car. 53 déc. car. (1), ou 2 ares 30 centiares.

Mesurer la surface d'un triangle isocèle dont la base a 21 m., et la hauteur, 24 m. 50; fig. 17.

Surface, $\dfrac{21 \times 24,50}{2} = 257$ mèt. car. 25 décim. car., ou 2 ares 57 centiares.

(1) Seulement avec deux chiffres décimaux.

Calculer la surface d'un triangle scalène dont la base a 32 m. 26, et la hauteur, 22 m. 50; fig. 18.

Surface, $\dfrac{32,26 \times 22,50}{2} = 362$ mèt. car. 92 décim. car. 50 cent. car., ou 3 ares 62 cent.

La base d'un triangle rectangle est 24 m. 25, et la hauteur, 38 m. 42. Quelle est la surface? Fig. 19.

Surface, $\dfrac{24,25 \times 38,42}{2} = 465$ mèt. car. 84 décim. car. 25 cent. car., ou 4 ares 65 cent.

Du carré.

La surface d'un carré s'obtient en multipliant la longueur d'un côté par elle-même.

Trouver la surface d'un carré dont le côté a 14 mèt. de long; fig. 20.

Surface, $14 \times 14 = 196$ mèt. car., ou 1 are 96 cent.

Du rectangle.

On obtient la surface d'un rectangle en multipliant la longueur de l'un de ses grands côtés par celle de l'un de ses petits.

Calculer la surface d'un rectangle ayant 45 m. 15 de base et 23,10 de hauteur; fig. 21.

Surface, $45,15 \times 23,10 = 104$ mèt. car. 29 décim. car. 65 cent. car., ou 1 are 04 cent.

Du losange.

La surface d'un losange s'obtient en multipliant la base C D par la hauteur A B, c'est-à-dire la perpendiculaire abaissée sur la base.

Trouver la surface d'un losange de 28 m. 65 de base, et 25 m. 50 de hauteur; fig. 22.

Surface, $28,65 \times 25,50 = 730$ mèt. car. 57 décim. car. 50 cent. car., ou 7 ares 30 cent.

Du trapèze.

La surface d'un trapèze s'obtient en additionnant la longueur des deux côtés parallèles A B, C D, fig. 25, et en prenant la moitié et la multipliant par la perpendiculaire $e\ f$, qui mesure les deux côtés parallèles.

Mesurer la surface d'un trapèze dont l'un des deux côtés a 53 m., l'autre 52 m. 28, et la hauteur, 22 m. 15; fig. 25.

Surface, $\dfrac{38 \times 32,28}{2} \times 22,15 = 778$ mèt. car. 35 décim. car. 10 cent. car , ou 7 ares 78 cent.

Du parallélogramme.

On obtient la surface du parallélogramme en multipliant la base $a\ b$ par la hauteur $c\ d$, c'est-à-dire par la perpendiculaire abaissée sur la base, d'un point du côté opposé.

Évaluer la surface d'un parallélogramme dont la base est de 46 m. 95, et la hauteur, 16 m. 85; fig. 24.

Surface, 46,95 × 16,85 = 791 mèt. car. 10 décim. car. 75 cent. car., ou 7 ares 91 cent.

Des polygones.

On obtient la surface d'un polygone régulier en multipliant le contour par la moitié de l'apothème, c'est-à-dire la perpendiculaire abaissée du centre sur l'un des côtés.

Trouver la surface d'un exagone régulier dont le côté *a b* est 12 m. 50, et l'apothème *c d*, 15 m. 40; fig. 25.

Moitié de l'apothème, 7,70 × 6.
Surface, 7,70 × 6 × 12,50 = 577 mèt. car. 50 décim. car , ou 5 ares 77 cent.

Soit encore à calculer la surface de la fig. 26. Pour cela, il faut, comme pour toute autre figure, en faire le tour, afin d'en connaître le périmètre. On marque en passant les angles avec des jalons; on a pour angles A, B, G, C, M, E. S'étant placé dans l'alignement B, G, on fiche un jalon en E, point où les trois piquets B, G, E se confondent dans le rayon visuel.

Par ce moyen, l'hexagone est partagé en deux quadrilatères; alors on suit les principes que nous avons indiqués.

OPÉRATION.

Triangle rectangle. Hauteur, 116,70 à multiplier par la moitié de la base, 15,25, ou $\dfrac{116,70 \times 15,25}{2}$ = 889 mètres car. 25 décim. car. 40 cent. car.

1er *trapèze.* Côtés parallèles, 68,59 et 64,25. Hauteur, 49 m.

Surface du trapèze, $\dfrac{68,59 \times 64,25 \times 49}{2}$ = 3254 mètres 58 décim. car.

2e *trapèze.* Côtés parallèles, 50,25 et 48,30. Hauteur, 38 m.

Surface, $\dfrac{50,25 \times 48,30 \times 38}{2}$ = 1872 mèt. car. 45 déc. c.

3e *trapèze.* Côtés parallèles, 30,29 et 28. Hauteur, 22,03.

Surface, $\dfrac{30,29 \times 28 \times 22,03}{2}$ = 642 mèt. car. 06 déc. car. 43 cent. car.

Le triangle n° 2 ayant été formé pour obtenir une figure régulière doit être déduit.

Base du triangle, 22,03. Hauteur, 45,40.

Surface, $\dfrac{22,03 \times 45,40}{2}$ = 500 mèt. car. 08 décim. car.

Résumé.

1er triangle,	889 m. car.	2540 c. car.
1er trapèze,	3,254	58
2e id.,	1,872	45
3e id.,	642	0643
	6,658	3483
2e triangle à déduire,	500	08
Surface de la figure entière,	6,158	2683

Cubature ou mesures des solides.

Mesurer le volume d'un corps, c'est chercher combien de fois ce corps en contient un autre pris pour unité. L'unité de volume est le mètre cube.

Voir, au système métrique, cette mesure pour ses *multiples* et ses *sous-multiples*.

Du cube.

On obtient le volume d'un cube en multipliant l'arête trois fois par elle-même.

Trouver le volume d'un cube de 1 m. 65 de côté; fig. 27 et 34 (1).

Volume, $1,65 \times 1,65 \times 1,65 = 4$ m. cub. 492 déc. cub.

Du parallélipipède.

Le volume d'un parallélipipède s'obtient en multipliant la surface de la base par la hauteur.

Calculer le volume d'un parallélipipède ayant 3 m. de hauteur, 1 m. 20 de largeur, et 0 m. 60 d'épaisseur; fig. 28 et 35.

Volume, $3 \times 1,20 \times 0,60 = 2$ mèt. cub. 160 déc. cub.

Des prismes.

On obtient le volume d'un prisme en multipliant la surface de l'une de ses bases par la hauteur.

(1) La fig. 34 est le développement des fig. 27, etc.

4

Mesurer le volume d'un prisme triangulaire dont la hauteur est de 2 m. 40, le triangle de la base ayant 1 m. 15 de côté, et 0 m. 65 de hauteur; fig. 29, 36, 37 et 38.

Volume, $\dfrac{2,40 \times 1,15 \times 0,65}{2} = 0$ m. cub. 897 déc. cub.

Du cylindre.

Le volume d'un cylindre est égal à la surface de la base multipliée par la hauteur.

Chercher le volume d'un cylindre de 2 m. 75 de hauteur, et le diamètre de la base, 1 m. 55; fig. 30, 40 et 41.

Volume (1), $0,67 \times 0,67 \times 3,1,416 \times 2,75 = 3$ mèt. cub. 878 décim. cub. 226 cent. cub. 660 millim. cub.

Des pyramides.

On obtient le volume d'une pyramide en multipliant le tiers du produit de sa base par sa hauteur.

Calculer le volume d'une pyramide pentagonale de 2 mèt. 50 de hauteur, le pentagone de la base ayant 12 m. de côté et 13 m. 50 d'apothème; fig. 31 et 39.

Surface de la base, $\dfrac{12 \times 13,50 \times 5}{2} = 405$ mèt. car.

Volume, $\dfrac{405 \times 2,50}{3} = 337$ mèt. cub. 500 décim. cub.

(1) *Voir* la surface du cercle.

Du cône.

Le volume d'un cône est égal au tiers du produit de la surface de la base par la hauteur.

Trouver le volume d'un cône de 3 m. de haut, le diamètre de la base étant 2 m. 5; fig. 32, 42 et 43.

Surface de la base, $1,25 \times 1,25 \times 3,1416 = 4$ mèt. car. 90 décim. car. 87 cent. car. 50 millim. car.

Volume, $\dfrac{4,908750 \times 3}{3} = 4$ mèt. cub. 908 décim. cub. 750 cent. cub.

De la sphère.

La surface de la sphère s'obtient en multipliant le carré du rayon par 4, et le produit par 3,1416.

Pour avoir le volume, on multiplie la surface de la sphère par le tiers du rayon.

Calculer le volume de la sphère ayant 2 m. de rayon; fig. 44.

Surface, $2 \times 2 \times 4 \times 3,1416 = 50$ mèt. car. 26 déc. car. 56 cent. car.

Volume, $50,2656 \times 0,66 = 33$ mèt. cub. 175 décim. cub. 296 cent. cub.

Volume du tronc de cône, fig. 43.

Le volume du tronc de cône s'obtient *en multipliant la demi-somme des deux bases parallèles par la hauteur*. Il en serait de même pour *un tronc de pyramide*; mais ces moyens pratiques sont inexacts, et d'autant plus que les bases de ces solides sont plus grandes.

APPLICATIONS.

Cuber un fossé, fig. 45.

Les terres enlevées d'un fossé qu'on a creusé sont égales en volume à un prisme quadrangulaire ayant pour base la coupe du fossé, ordinairement trapèze, et pour hauteur la longueur du fossé.

Les mesures cotées nous donnent :

Surface de la base, $\dfrac{2 \times 1,3 \times 1,6}{2} = 2,64$.

Volume, $2,64 \times 0,9 \times 3,45 = 8$ mèt. cub. 887 déc. cub.

Cuber le tas de pierres, fig. 46.

Pour cuber exactement un tas de pierres de cette forme, on prend deux fois la grande longueur, 9 mèt.; on y ajoute la petite longueur 2, et on multiplie le résultat 11 par la grande largeur, 1,7, ce qui donne 18,7.

On prend deux fois la petite longueur 5; on y ajoute la grande longueur 4, et on multiplie le résultat 9 par la petite largeur 0,5, ce qui donne 4,5.

On ajoute enfin ces deux résultats; on a 23,2, qu'on multiplie par la hauteur 1,2, et l'on prend le sixième du résultat.

Volume, $\dfrac{23,2 \times 1,2}{6} = 4$ mèt. cub. 640.

Cuber un mur formant pignon, fig. 47.

Les pans d'un mur se décomposent en parallélipipèdes, en prismes ou en pyramides, selon leur construction. On évalue séparément le volume de chaque partie, et de leur somme on retranche le volume des ouvertures; le reste donne le cube total de la maçonnerie.

Dans le pignon proposé, la partie A C B E est un parallélipipède, et la pointe B O N, un prisme triangulaire.

Volume du parallélipipède, $5 \times 3,4 \times 0,5 = 8$ mèt. cubes 500.

Volume du prisme, $\dfrac{3 \times 4 \times 2 \times 0,5}{2} = 1,700$.

Volume total, 10 mèt. cub. 200, dont il faut retrancher les vides de la porte et de la lucarne.

Surface du rectangle M O P R de la porte, $1,6 \times 1,2 = 1,92$.

Surface du centre P R I.

Surface de la lucarne J, $0,30 \times 0,30 \times 3,1416 = 0,28$.

Surface totale des vides, $1,92 \times 0,63 \times 0,28 = 2,83$.

Cube des vides, $2,83 \times 0,5 = 1,415$.

Cube de la maçonnerie du pignon, $10,200 - 1,415 = 8$ m. cub. 785 déc. cub.

Ainsi peuvent se mesurer une tour, un puits, un colombier, un moulin, une cage d'escalier, etc.

Lorsqu'il s'agit de *bois*, on remplace la dénomination de *mètre cube* par celle de *stère*; ainsi, au lieu de dire cette poutre contient 1 m. cube 525 millièmes, on peut dire 1 stère 525 millièmes.

Cuber une poutre ayant plus d'épaisseur à un bout qu'à l'autre; fig. 48 (5°).

Cette poutre a la forme d'un tronc de pyramide à bases carrées qui offrent peu de différence dans leurs sur-

4*

faces. On peut donc trouver le volume en multipliant la demi-somme des surfaces des deux bases par la longueur.

Surface de la base inférieure, $0,11 \times 0,11 = 0,06$.
Surface de la base supérieure, $0,09 \times 0,09 = 0,008$.
Moyenne des surfaces, $\dfrac{0,06 \times 0\,008}{2} = 0,034$.
Volume, $0,034 \times 3,4 = 0,115$ décim. cub.

Cuber un madrier rectangulaire; fig. 48 (2°).

Ce madrier est un parallélipipède; son volume est $0,20 \times 0,60 \times 4,50 = 0$ mèt. cub. 540 décim. cub.

Cuber un arbre en grume, fig. 48 (1°).

Les bois en grume sont des arbres non écorcés. Pour chercher le volume d'un bois rond, on prend la circonférence au milieu de l'arbre; on la multiplie par le quart de son diamètre, et on a la surface du cercle moyen; on multiplie cette surface moyenne par la longueur de l'arbre, et le produit donne le volume demandé.

Pour avoir la surface moyenne, on peut aussi chercher celle des deux bouts, et prendre la moitié de la somme.

Surface du gros bout, $0,28 \times 0,28 \times 3,1416 = 0,24$.
Surface du petit bout, $0,20 \times 0,20 \times 3,1416 = 0,12$.
Surface du milieu, $\dfrac{0,24 \times 0,12}{2} = 0,18$.
Volume de l'arbre, $0,18 \times 3,70 = 0$ mèt. cub. 666 déc. cub., ou 0 stère 666 millièmes.

Bois en grume au 5e réduit.

Les bois en grume sont, en général, soumis à l'*équar-*

rissage. L'acheteur doit se rendre compte de la perte qui résulte de cette opération, c'est-à-dire apprécier à quelles proportions se *réduit* le bois en grume lorsqu'il est équarri. Cette perte est d'*un cinquième* ou d'*un sixième;* alors on dit que l'on achète le bois en grume au 5ᵉ *réduit,* ou au 6ᵉ *réduit.*

Pour déterminer le volume d'un arbre au 5ᵉ *réduit,* on prend la longueur de la circonférence du milieu, on retranche le 5ᵉ, on prend le quart du reste, et ce quart est le côté de l'équarrissage. On a ainsi un parallélipipède dont on obtient le volume en multipliant entre elles *épaisseur, largeur* et *longueur.*

PREMIÈRE PARTIE

PRODUITS CUBES

DES BOIS CARRÉS.

LONGUEUR.	FACES OU CÔTÉS DES CARRÉS, en centimètres.							
	8 sur 8.	8 sur 10.	8 sur 12.	8 sur 14.	8 sur 16.	8 sur 18.	8 sur 20.	8 sur 22.
m. d.	m. d.	m. d.	m. d.	m. d.	m. d.	m. d.	m. d	m. d.
2	1	2	2	2	3	3	3	4
4	3	3	4	4	5	6	6	7
6	4	5	6	7	8	9	10	11
8	5	6	8	9	10	12	13	14
1 »	6	8	10	11	13	14	16	18
2 »	13	16	19	22	26	29	32	35
3 »	19	24	29	34	38	43	48	53
4 »	26	32	38	45	51	58	64	70
5 »	32	40	48	56	64	72	80	88
6 »	38	48	58	67	77	86	96	106
7 »	45	56	67	78	90	101	112	123
8 »	51	64	77	90	102	115	128	141
9 »	58	72	86	101	115	130	144	158
10 »	64	80	96	112	128	144	160	176
11 »	70	88	106	123	141	158	176	194
12 »	77	96	115	134	154	173	192	211
13 »	83	104	125	146	166	187	208	229
14 »	90	112	134	157	179	202	224	246
15 »	96	120	144	168	192	216	240	264
16 »	102	128	154	179	205	230	256	282
17 »	109	136	163	190	218	245	272	299
18 »	115	144	173	202	230	259	288	317
19 »	122	152	182	213	243	274	304	334
20 »	128	160	192	224	256	288	320	352
21 »	134	168	202	235	269	302	336	370
22 »	141	176	211	246	282	317	352	387
23 »	147	184	221	258	294	331	368	405
24 »	154	192	230	269	307	346	384	422
25 »	160	200	240	280	320	360	400	440

LONGUEUR.	FACES OU CÔTÉS DES CARRÉS, en centimètres.							
	8 sur 24.	8 sur 26.	8 sur 28.	8 sur 30.	8 sur 32.	8 sur 34.	8 sur 36.	8 sur 38.
m. d.	m. d.	m. d.	m. d.	m. d.	m. d.	m. d.	m. d.	m. d.
2	4	4	4	5	5	5	6	6
4	8	8	9	10	10	11	12	12
6	12	12	13	14	15	16	17	18
8	15	17	18	19	20	22	23	24
1 »	19	21	22	24	26	27	29	30
2 »	38	42	45	48	51	54	58	61
3 »	58	62	67	72	77	82	86	91
4 »	77	83	90	96	102	109	115	122
5 »	96	104	112	120	128	136	144	152
6 »	115	125	134	144	154	163	173	182
7 »	134	146	157	168	179	190	202	213
8 »	154	166	179	192	205	218	230	243
9 »	173	187	202	216	230	245	259	274
10 »	192	208	224	240	256	272	288	304
11 »	211	229	246	264	282	299	317	334
12 »	230	250	269	288	307	326	346	365
13 »	250	270	291	312	333	354	374	395
14 »	269	291	314	336	358	381	403	426
15 »	288	312	336	360	384	408	432	456
16 »	307	333	358	384	410	435	461	480
17 »	326	354	381	408	435	462	490	517
18 »	346	374	403	432	461	490	518	547
19 »	365	395	426	456	486	517	547	578
20 »	384	416	448	480	512	544	576	608
21 »	403	437	470	504	538	571	605	638
22 »	422	458	493	528	563	598	634	669
23 »	442	478	515	552	589	626	662	699
24 »	461	499	538	576	614	653	691	730
25 »	480	520	560	600	640	680	720	760

LONGUEUR.	FACES OU CÔTÉS DES CARRÉS, en centimètres.							
	8 sur 40.	8 sur 42.	8 sur 44.	8 sur 46.	8 sur 48.	8 sur 50.	8 sur 52.	8 sur 54.
m. d.	m. d.	m. d.	m. d.	m. d.	m. d.	m. d.	m. d.	m. d.
2	6	7	7	7	8	8	8	9
4	13	13	14	15	15	16	17	17
6	19	20	21	22	23	24	25	26
8	26	27	28	29	31	32	33	35
1 »	32	34	35	37	38	40	42	43
2 »	64	67	70	74	77	80	83	86
3 »	96	100	116	110	115	120	125	130
4 »	128	134	141	147	154	160	166	173
5 »	160	168	176	184	192	200	208	216
6 »	192	202	211	221	230	240	250	259
7 »	224	235	246	258	269	280	291	302
8 »	256	269	282	294	307	320	333	346
9 »	288	302	317	331	346	360	374	389
10 »	320	336	352	368	384	400	416	432
11 »	352	370	387	405	422	440	458	475
12 »	384	403	422	442	461	480	499	518
13 »	416	437	458	478	499	520	541	562
14 »	448	470	493	515	538	560	582	605
15 »	480	504	528	552	576	600	624	648
16 »	512	538	563	589	614	640	666	691
17 »	544	571	598	626	653	680	707	734
18 »	576	605	634	662	691	720	749	778
19 »	608	638	669	699	730	760	790	821
20 »	640	672	704	736	768	800	832	864
21 »	672	706	739	773	806	840	874	907
22 »	704	739	774	810	845	880	915	950
23 »	736	773	810	846	883	920	957	994
24 »	768	806	845	883	922	960	998	1.037
25 »	800	840	880	920	960	1. »	1.040	1.080

LONGUEUR.	FACES OU CÔTÉS DES CARRÉS, en centimètres.							
	8 sur 56.	8 sur 58.	8 sur 60.	8 sur 62.	8 sur 64.	8 sur 66.	8 sur 68.	8 sur 70
	m. d.	m. d.	m. d.	m. d.	m. d.	m. d.	m. d.	m. d.
2	9	9	10	10	10	11	11	11
4	18	19	19	20	20	21	22	22
6	27	28	29	30	31	32	33	34
8	36	37	38	40	41	42	44	45
1 »	45	46	48	50	51	53	54	56
2 »	90	93	96	99	102	106	109	112
3 »	134	139	144	149	154	158	163	168
4 »	179	186	192	198	205	211	218	224
5 »	224	232	240	248	256	264	272	280
6 »	269	278	288	298	307	317	326	336
7 »	314	325	336	347	358	370	381	392
8 »	358	371	384	397	440	422	435	448
9 »	403	418	432	446	461	475	490	504
10 »	448	464	480	496	512	528	544	560
11 »	493	510	528	546	563	581	598	616
12 »	538	557	576	595	614	634	653	672
13 »	582	603	624	645	666	686	707	728
14 »	627	650	672	694	717	739	762	784
15 »	672	696	720	744	768	792	816	840
16 »	717	742	768	794	819	845	870	896
17 »	762	789	816	843	870	898	925	952
18 »	806	835	864	893	922	950	979	1.008
19 »	851	882	912	942	973	1.003	1.034	1.064
20 »	896	928	960	992	1.024	1.056	1.088	1.120
21 »	941	974	1.008	1.042	1.075	1.109	1.142	1.176
22 »	986	1.021	1.056	1.091	1.126	1.162	1.197	1.232
23 »	1.030	1.067	1.104	1.141	1.178	1.214	1.251	1.288
24 »	1.075	1.114	1.152	1.190	1.229	1.267	1.306	1.344
25 »	1.120	1.160	1.200	1.240	1.280	1.320	1.360	1.400

LONGUEUR.	FACES OU CÔTÉS DES CARRÉS, en centimètres.							
	10 sur 10.	10 sur 12.	10 sur 14.	10 sur 16.	10 sur 18.	10 sur 20.	10 sur 22.	10 sur 24.
m. d.	m. d.	m. d.	m. d.	m. d.	m. d.	m. d.	m. d.	m. d.
	2	2	2	3	5	4	4	5
	4	4	5	6	6	7	8	9	10
	6	6	7	8	10	11	12	13	14
	8	8	10	11	13	14	16	18	19
1 »	10	12	14	16	18	20	22	24
2 »	20	24	28	32	36	40	44	48
3 »	30	36	42	48	54	60	66	72
4 »	40	48	56	64	72	80	88	96
5 »	50	60	70	80	90	100	110	120
6 »	60	72	84	96	108	120	132	144
7 »	70	84	98	112	126	140	154	168
8 »	80	96	112	128	144	160	176	192
9 »	90	108	126	144	162	180	198	216
10 »	100	120	140	160	180	200	220	240
11 »	110	132	154	176	198	220	242	264
12 »	120	144	168	192	216	240	264	288
13 »	130	156	182	208	234	260	286	312
14 »	140	168	196	224	252	280	308	336
15 »	150	180	210	240	270	300	330	360
16 »	160	192	224	256	288	320	352	384
17 »	170	204	238	272	306	340	374	408
18 »	180	216	252	288	324	360	396	432
19 »	190	228	266	304	342	380	418	456
20 »	200	240	280	320	360	400	440	480
21 »	210	252	294	336	378	420	462	504
22 »	220	264	308	352	396	440	484	528
23 »	230	276	322	368	414	460	506	552
24 »	240	288	336	384	432	480	528	576
25 »	250	300	350	400	450	500	550	600

LONGUEUR.	FACES OU CÔTÉS DES CARRÉS, en centimètres.							
	10 sur 26.	10 sur 28.	10 sur 30.	10 sur 32.	10 sur 34.	10 sur 36.	10 sur 38.	10 sur 40.
m. d.	m. d.	m. d.	m. d.	m. d.	m. d.	m. d.	m. d.	m. d.
2	5	6	6	6	7	7	8	8
4	10	11	12	13	14	14	15	16
6	16	17	18	19	20	22	23	24
8	21	22	24	26	27	29	30	32
1 »	26	28	30	32	34	36	38	40
2 »	52	56	60	64	68	72	76	80
3 »	78	84	90	96	102	108	114	120
4 »	104	112	120	128	136	144	152	160
5 »	130	140	150	160	170	180	190	200
6 »	156	168	180	192	204	216	228	240
7 »	182	196	210	224	238	252	266	280
8 »	208	224	240	256	272	288	304	320
9 »	234	252	270	288	306	324	342	360
10 »	260	280	300	320	340	360	380	400
11 »	286	308	330	352	374	396	418	440
12 »	312	336	360	384	408	432	456	480
13 »	338	364	390	416	442	468	494	520
14 »	364	392	420	448	476	504	532	560
15 »	390	420	450	480	510	540	570	600
16 »	416	448	480	512	544	576	608	640
17 »	442	476	510	544	578	612	646	680
18 »	468	504	540	576	612	648	684	720
19 »	494	532	570	608	646	684	722	760
20 »	520	560	600	640	680	720	760	800
21 »	546	588	630	672	714	756	798	840
22 »	572	616	660	704	748	792	836	880
23 »	598	644	690	736	782	828	874	920
24 »	624	672	720	768	816	864	912	960
25 »	650	700	750	800	850	900	950	1. »

LONGUEUR.	FACES OU CÔTÉS DES CARRÉS, en centimètres.							
	10 sur 42.	10 sur 44.	10 sur 46.	10 sur 48.	10 sur 50.	10 sur 52.	10 sur 54.	10 sur 56.
m. d.	m. d.	m. d.	m. d.	m. d.	m. d.	m. d.	m. d.	m. d.
2	8	9	9	10	10	10	11	11
4	17	18	18	19	20	21	22	22
6	25	26	28	29	30	31	32	34
8	34	35	37	38	40	42	43	45
1 »	42	44	46	48	50	52	54	56
2 »	84	88	92	96	100	104	108	112
3 »	126	132	138	144	150	156	162	168
4 »	168	176	184	192	200	208	216	224
5 »	210	220	230	240	250	260	270	280
6 »	252	264	276	288	300	312	324	336
7 »	294	308	322	336	350	364	378	392
8 »	336	352	368	384	400	416	432	448
9 »	378	396	414	432	450	468	486	504
10 »	420	440	460	480	500	520	540	560
11 »	462	484	506	528	550	572	594	616
12 »	504	528	552	576	600	624	648	672
13 »	546	572	598	624	650	676	702	728
14 »	588	616	644	672	700	728	756	784
15 »	630	660	690	720	750	780	810	840
16 »	672	704	736	768	800	832	864	896
17 »	714	748	782	816	850	884	918	952
18 »	756	792	828	864	900	936	972	1.008
19 »	798	836	874	912	950	988	1.026	1.064
20 »	840	880	920	960	1.000	1.040	1.080	1.120
21 »	882	924	966	1.008	1.050	1.092	1.134	1.176
22 »	924	968	1.012	1.056	1.100	1.144	1.188	1.232
23 »	966	1.012	1.058	1.104	1.150	1.196	1.242	1.288
24 »	1.008	1.056	1.104	1.152	1.200	1.248	1.296	1.344
25 »	1.050	1.100	1.150	1.200	1.250	1.300	1.350	1.400

LONGUEUR.	FACES OU CÔTÉS DES CARRÉS, en centimètres.							
	10 sur 58.	10 sur 60.	10 sur 62.	10 sur 64.	10 sur 66.	10 sur 68.	10 sur 70.	12 sur 12.
	m. d.	m. d.	m. d.	m. d.	m. d.	m. d.	m. d.	m. d.
2	12	12	12	13	13	14	14	3
4	23	24	25	26	26	27	28	6
6	35	36	37	38	40	41	42	9
8	46	48	50	51	53	54	56	12
1 »	58	60	62	64	66	68	70	14
2 »	116	120	124	128	132	136	140	29
3 »	174	180	186	192	198	204	210	43
4 »	232	240	248	256	264	272	280	58
5 »	290	300	310	320	330	340	350	72
6 »	348	360	372	384	396	408	420	86
7 »	406	420	434	448	462	476	490	101
8 »	464	480	496	512	528	544	560	115
9 »	522	540	558	576	594	612	630	130
10 »	580	600	620	640	660	680	700	144
11 »	638	660	682	704	726	748	770	158
12 »	696	720	744	768	792	816	840	173
13 »	754	780	806	832	858	884	910	187
14 »	812	840	868	896	924	952	980	202
15 »	870	900	930	960	990	1.020	1.050	216
16 »	928	960	992	1.024	1.056	1.088	1.120	230
17 »	986	1.020	1.054	1.088	1.122	1.156	1.190	245
18 »	1.044	1.080	1.116	1.152	1.188	1.224	1.260	259
19 »	1.102	1.140	1.178	1.246	1.254	1.292	1.330	274
20 »	1.160	1.200	1.240	1.280	1.320	1.360	1.400	288
21 »	1.218	1.260	1.302	1.344	1.386	1.428	1.470	302
22 »	1.274	1.320	1.364	1.408	1.452	1.496	1.540	317
23 »	1.334	1.380	1.426	1.472	1.518	1.544	1.610	331
24 »	1.392	1.440	1.488	1.536	1.584	1.632	1.680	346
25 »	1.450	1.500	1.550	1.600	1.650	1.700	1.750	360

LONGUEUR.	FACES OU CÔTÉS DES CARRÉS, en centimètres.							
	12 sur 14.	12 sur 16.	12 sur 18.	12 sur 20.	12 sur 22.	12 sur 24.	12 sur 26.	12 sur 28
m. d.	m. d.	m. d.	m. d.	m. d.	m. d.	m. d.	m. d.	m. d.
2	3	4	4	5	5	6	6	7
4	7	8	9	10	11	12	12	13
6	10	12	13	14	16	17	19	20
8	13	15	17	19	21	23	25	27
1 »	17	19	22	24	26	29	31	34
2 »	34	38	43	48	53	58	62	67
3 »	50	58	65	72	79	86	94	100
4 »	67	77	86	96	106	115	125	134
5 »	84	96	108	120	132	144	156	168
6 »	101	115	130	144	158	173	187	202
7 »	118	134	151	168	185	202	218	235
8 »	134	154	173	192	211	230	250	269
9 »	151	173	194	216	238	259	281	302
10 »	168	192	216	240	264	268	312	336
11 »	185	211	238	264	290	317	343	370
12 »	202	230	259	288	317	346	374	403
13 »	218	250	281	312	343	374	406	437
14 »	235	269	302	336	370	403	437	470
15 »	252	288	324	360	396	432	468	504
16 »	269	307	346	384	422	461	499	538
17 »	286	326	367	408	449	490	530	571
18 »	302	348	389	432	475	518	562	605
19 »	319	365	410	456	502	547	593	638
20 »	336	384	432	480	528	576	624	672
21 »	353	403	454	504	554	605	655	706
22 »	370	422	475	528	581	634	686	739
23 »	386	442	497	552	607	662	718	773
24 »	403	461	518	576	634	691	749	806
25 »	420	480	540	600	660	720	780	840

LONGUEUR.	FACES OU CÔTÉS DES CARRÉS, en centimètres.							
	12 sur 30.	12 sur 32.	12 sur 34.	12 sur 36.	12 sur 38.	12 sur 40.	12 sur 42.	12 sur 44.
m. d.	m. d.	m. d.	m. d.	m. d.	m. d.	m. d.	m. d.	m. d.
2	7	8	8	9	9	10	10	11
4	14	15	16	17	18	19	20	21
6	22	23	24	26	27	29	30	32
8	29	31	33	35	36	38	40	42
1 »	36	38	41	43	46	48	50	53
2 »	72	77	82	86	91	96	101	106
3 »	108	115	122	130	137	144	151	158
4 »	144	154	163	173	182	192	202	211
5 »	180	192	204	216	228	240	252	264
6 »	216	230	245	259	274	288	302	317
7 »	252	269	286	302	319	336	353	370
8 »	288	307	326	346	365	384	403	422
9 »	324	346	367	389	410	432	454	475
10 »	360	384	408	432	456	480	504	528
11 »	396	422	449	475	502	528	554	581
12 »	422	461	490	518	547	576	605	634
13 »	468	499	530	562	593	624	655	686
14 »	504	538	571	605	638	672	706	739
15 »	540	576	612	648	684	720	756	792
16 »	576	614	653	691	730	768	806	845
17 »	612	653	694	734	775	816	857	898
18 »	648	691	734	778	821	864	907	950
19 »	684	730	775	821	866	912	958	1.003
20 »	720	768	816	864	912	960	1.008	1.056
21 »	756	806	857	907	958	1.008	1.058	1.109
22 »	792	845	898	950	1.003	1.056	1.109	1.162
23 »	828	883	938	994	1.049	1.104	1.159	1.214
24 »	864	922	979	1.037	1.094	1.152	1.210	1.267
25 »	900	960	1.020	1.080	1.140	1.200	1.260	1.320

FACES OU CÔTÉS DES CARRÉS, en centimètres.

LONGUEUR.	12 sur 46.	12 sur 48.	12 sur 50.	12 sur 52.	12 sur 54.	12 sur 56.	12 sur 58.	12 sur 60.
m. d.	m. d.	m. d.	m. d.	m. d.	m. d.	m. d.	m. d.	m. d.
2	11	12	12	12	13	13	14	14
4	22	23	24	25	26	27	28	29
6	33	35	36	37	39	40	42	43
8	44	46	48	50	52	54	56	58
1 »	55	58	60	62	65	67	70	72
2 »	110	115	120	125	130	134	139	144
3 »	166	173	180	187	194	202	209	216
4 »	221	230	240	250	259	269	278	288
5 »	276	288	300	312	324	336	348	360
6 »	331	346	360	374	389	403	418	432
7 »	386	403	420	437	454	470	487	504
8 »	442	461	480	499	518	538	557	576
9 »	497	518	540	562	583	605	626	648
10 »	552	570	600	624	648	672	696	720
11 »	607	634	660	686	713	739	756	702
12 »	662	691	720	749	778	806	835	864
13 »	718	749	780	811	842	874	905	936
14 »	773	806	840	874	907	941	974	1.008
15 »	828	864	900	936	972	1.008	1.044	1.080
16 »	883	922	960	998	1.037	1.075	1.114	1.152
17 »	938	979	1.020	1.061	1.102	1.142	1.183	1.224
18 »	994	1.037	1.080	1.123	1.166	1.210	1.253	1.296
19 »	1.049	1.094	1.140	1.186	1.231	1.277	1.322	1.368
20 »	1.104	1.152	1.200	1.248	1.296	1.344	1.392	1.440
21 »	1.159	1.210	1.260	1.310	1.361	1.411	1.462	1.512
22 »	1.214	1.267	1.320	1.373	1.426	1.478	1.531	1.584
23 »	1.270	1.325	1.380	1.435	1.490	1.546	1.601	1.656
24 »	1.325	1.382	1.440	1.498	1.555	1.613	1.670	1.728
25 »	1.380	1.440	1.500	1.560	1.620	1.680	1.740	1.800

LONGUEUR.	FACES OU CÔTES DES CARRÉS, en centimètres.							
	12 sur 62.	12 sur 64.	12 sur 66.	12 sur 68.	12 sur 70.	14 sur 14.	14 sur 16.	14 sur 18.
m. d.	m. d.	m. d.	m. d.	m. d.	m. d.	m. d.	m. d.	m. d.
2	15	15	16	16	17	4	4	5
4	30	31	32	33	34	8	9	10
6	45	46	48	49	50	12	13	15
8	59	61	63	65	67	16	18	20
1 »	74	77	79	82	84	20	22	25
2 »	149	154	158	163	168	39	45	50
3 »	223	230	238	245	252	59	67	76
4 »	298	307	317	326	336	78	90	101
5 »	372	384	396	408	420	98	112	126
6 »	446	461	475	490	504	118	134	151
7 »	521	538	554	571	588	137	157	176
8 »	595	614	634	653	672	157	179	202
9 »	670	691	713	734	756	176	202	227
10 »	744	768	792	816	840	196	224	252
11 »	818	845	871	898	924	216	246	277
12 »	893	922	950	979	1.008	235	269	302
13 »	967	998	1.030	1.061	1.092	255	291	328
14 »	1.042	1.075	1.109	1.142	1.176	274	314	353
15 »	1.116	1.152	1.188	1.224	1.260	294	336	378
16 »	1.190	1.229	1.267	1.306	1.344	314	358	403
17 »	1.265	1.306	1.346	1.387	1.428	333	381	428
18 »	1.339	1.382	1.426	1.469	1.512	353	403	454
19 »	1.414	1.459	1.505	1.550	1.596	372	426	479
20 »	1.488	1.536	1.584	1.632	1.680	392	448	504
21 »	1.562	1.613	1.663	1.714	1.764	412	450	529
22 »	1.637	1.690	1.742	1.795	1.848	431	493	554
23 »	1.711	1.766	1.822	1.877	1.932	451	515	580
24 »	1.786	1.843	1.901	1.958	2.016	470	538	605
25 »	1.860	1.920	1.980	1.040	2.100	490	560	630

LONGUEUR.	FACES OU CÔTÉS DES CARRÉS, en centimètres.							
	14 sur 20.	14 sur 22.	14 sur 24.	14 sur 26.	14 sur 28.	14 sur 30.	14 sur 32.	14 sur 34.
m. d.	m. d.	m. d.	m. d.	m. d.	m. d.	m. d.	m. d.	m. d.
2	6	6	7	7	8	8	9	9
4	11	12	13	15	16	17	18	19
6	17	18	20	22	24	25	27	28
8	22	25	27	29	31	34	36	38
1 »	28	31	34	36	39	42	45	48
2 »	56	62	67	73	78	84	90	95
3 »	84	92	100	109	118	126	134	143
4 »	112	123	134	146	157	168	179	190
5 »	140	154	168	182	196	210	224	238
6 »	168	185	202	218	235	252	269	286
7 »	196	216	235	255	274	294	314	333
8 »	224	246	269	291	314	336	358	381
9 »	252	277	302	328	353	378	403	428
10 »	280	308	336	364	392	420	448	476
11 »	308	339	370	400	431	462	493	524
12 »	336	369	403	437	470	504	538	571
13 »	364	400	437	473	510	546	582	619
14 »	392	431	470	510	549	588	627	666
15 »	420	462	504	546	588	630	672	714
16 »	448	493	538	582	627	672	747	762
17 »	476	524	571	619	666	714	762	809
18 »	504	554	605	655	706	756	806	857
19 »	532	585	638	692	745	798	851	904
20 »	560	616	672	728	784	840	896	952
21 »	588	647	706	764	823	882	941	990
22 »	616	678	739	801	862	924	986	1.047
23 »	644	708	773	837	902	966	1.030	1.095
24 »	672	739	806	874	941	1.008	1.075	1.442
25 »	700	770	840	910	980	1.050	1.120	1.490

LONGUEUR.	FACES OU CÔTÉS DES CARRÉS, en centimètres.							
	14 sur 36.	14 sur 38.	14 sur 40.	14 sur 42.	14 sur 44.	14 sur 46.	14 sur 48.	14 sur 50.
m. d.	m. d.	m. d.	m. d	m. d	m. d.	m. d.	m. d.	m. d.
2	10	11	11	12	12	13	13	14
4	20	21	22	24	25	26	27	28
6	30	32	34	35	37	39	40	42
8	40	43	45	47	49	52	54	56
1 »	50	53	56	59	62	64	67	70
2 »	101	106	112	118	123	129	134	140
3 »	151	160	168	176	185	193	202	210
4 »	202	213	224	235	246	258	269	280
5 »	252	266	280	294	308	322	336	350
6 »	302	319	336	353	370	386	403	420
7 »	353	372	392	412	431	451	470	490
8 »	403	425	448	470	493	515	538	560
9 »	454	479	504	529	554	580	605	630
10 »	504	532	560	588	616	644	672	700
11 »	554	585	616	647	678	708	739	770
12 »	605	638	672	706	739	773	806	840
13 »	655	692	728	764	801	837	874	910
14 »	706	745	784	823	862	902	941	980
15 »	756	798	840	882	924	966	1.008	1.050
16 »	806	851	896	941	986	1.030	1.075	1.120
17 »	857	904	952	1. »	1.047	1.095	1.142	1.190
18 »	907	958	1.008	1.058	1.109	1.159	1.210	1.260
19 »	958	1.011	1.064	1.117	1.170	1.224	1.277	1.330
20 »	1.008	1.064	1.120	1.176	1.232	1.288	1.344	1.400
21 »	1.058	1.117	1.176	1.235	1.294	1.352	1.411	1.470
22 »	1.109	1.170	1.232	1.294	1.355	1.417	1.478	1.540
23 »	1.159	1.224	1.288	1.352	1.417	1.481	1.546	1.610
24 »	1.210	1.277	1.344	1.411	1.478	1.546	1.613	1.680
25 »	1.260	1.330	1.400	1.470	1.540	1.610	1.680	1.750

LONGUEUR.	FACES OU CÔTÉS DES CARRÉS, en centimètres.							
	14 sur 52.	14 sur 54.	14 sur 56.	14 sur 58.	14 sur 60.	14 sur 62.	14 sur 64.	14 sur 66.
m. d.	m. d.	m. d.	m. d.	m. d.	m. d.	m. d.	m. d.	m. d.
2	15	15	16	16	17	17	18	18
4	29	30	31	32	34	35	36	37
6	44	45	47	49	50	52	54	55
8	58	60	63	65	67	69	72	74
1 »	73	76	78	81	84	87	90	92
2 »	146	151	157	162	168	174	179	185
3 »	218	227	235	244	252	260	269	277
4 »	291	302	314	325	336	347	358	370
5 »	364	378	392	406	420	434	448	462
6 »	437	454	470	487	504	521	538	554
7 »	509	529	549	568	588	608	627	647
8 »	582	605	627	650	672	694	717	739
9 »	655	680	706	731	756	781	806	832
10 »	728	756	784	812	840	868	896	924
11 »	801	832	862	893	924	955	986	1.016
12 »	874	907	941	974	1.008	1.042	1.075	1.109
13 »	946	983	1.019	1.056	1.092	1.128	1.165	1.201
14 »	1.019	1.058	1.098	1.137	1.176	1.215	1.254	1.294
15 »	1.098	1.134	1.176	1.218	1.260	1.302	1.344	1.386
16 »	1.164	1.210	1.254	1.299	1.344	1.389	1.434	1.478
17 »	1.238	1.285	1.333	1.380	1.428	1.476	1.523	1.571
18 »	1.310	1.361	1.411	1.462	1.512	1.562	1.613	1.663
19 »	1.383	1.436	1.480	1.543	1.596	1.649	1.702	1.756
20 »	1.456	1.512	1.568	1.624	1.680	1.736	1.792	1.848
21 »	1.529	1.588	1.646	1.705	1.764	1.823	1.882	1.940
22 »	1.602	1.663	1.725	1.786	1.848	1.910	1.971	2.033
23 »	1.674	1.739	1.803	1.868	1.932	1.996	2.061	2.125
24 »	1.747	1.814	1.882	1.949	2.016	2.083	2.150	2.248
25 »	1.820	1.890	1.960	2.030	2.100	2.170	2.240	2.310

LONGUEUR.	FACES OU CÔTÉS DES CARRÉS, en centimètres.							
	14 sur 68.	14 sur 70.	16 sur 16.	16 sur 18.	16 sur 20.	16 sur 22.	16 sur 24.	16 sur 26.
m. d.	m. d.	m. d.	m. d.	m. d.	m. d.	m. d.	m. d.	m. d.
2	19	20	5	6	6	7	8	8
4	38	39	10	12	13	14	15	17
6	57	59	15	17	19	21	23	2?
8	76	78	20	23	26	28	31	33
1 »	95	98	26	29	32	35	38	4?
2 »	190	196	51	58	64	70	77	83
3 »	286	294	77	86	96	116	115	12?
4 »	381	392	102	115	128	141	154	166
5 »	476	490	128	144	160	176	192	208
6 »	571	588	154	173	192	241	230	250
7 »	666	686	179	202	224	246	269	291
8 »	762	784	205	230	256	282	307	33?
9 »	857	892	270	259	288	317	346	374
10 »	952	980	256	288	320	352	384	416
11 »	1.047	1.078	282	317	352	387	422	458
12 »	1.142	1.176	307	346	384	422	461	499
13 »	1.238	1.274	353	374	416	458	499	541
14 »	1.333	1.372	358	403	448	493	538	582
15 »	1.428	1.470	384	432	480	528	576	624
16 »	1.523	1.568	410	461	512	563	614	660
17 »	1.618	1.666	435	490	544	598	653	707
18 »	1.714	1.764	461	518	576	634	691	749
19 »	1.809	1.862	486	547	608	669	730	790
20 »	1.904	1.960	512	576	640	704	768	832
21 »	1.999	2.058	538	605	672	739	806	874
22 »	2.094	2.156	563	634	704	774	845	91?
23 »	2.190	2.254	539	662	736	810	883	957
24 »	2.285	2.352	614	691	768	845	922	998
25 »	2.380	2.450	640	720	800	890	960	1.040

LONGUEUR.	FACES OU CÔTÉS DES CARRÉS, en centimètres.							
	16 sur 28.	16 sur 30.	16 sur 32.	16 sur 34.	16 sur 36.	16 sur 38.	16 sur 40.	16 sur 42.
m. d.	m. d.	m. d.	m. d.	m. d.	m. d.	m. d.	m. d.	m. d.
2	9	10	10	11	12	12	13	13
4	18	19	20	22	23	24	26	27
6	27	29	31	33	35	36	38	40
8	36	38	41	44	46	49	51	54
1 »	45	48	51	54	58	61	64	67
2 »	90	96	102	109	115	122	128	134
3 »	134	144	154	163	173	182	192	202
4 »	179	192	205	218	230	243	256	269
5 »	224	240	256	272	288	304	320	336
6 »	269	288	307	326	346	365	384	403
7 »	314	336	358	381	403	426	448	470
8 »	358	384	410	435	461	486	512	538
9 »	403	432	461	490	518	547	576	605
10 »	448	480	512	544	576	608	640	672
11 »	493	528	563	598	634	669	704	739
12 »	538	576	614	653	691	730	768	806
13 »	582	624	666	707	749	790	832	874
14 »	627	672	717	762	806	851	896	941
15 »	672	720	768	816	864	912	960	1.008
16 »	717	768	819	870	922	973	1.024	1.075
17 »	762	816	870	925	979	1.034	1.088	1.142
18 »	806	864	922	979	1.037	1.094	1.152	1.210
19 »	851	912	973	1.034	1.094	1.155	1.216	1.277
20 »	896	960	1.024	1.088	1.152	1.216	1.280	1.344
21 »	941	1.008	1.075	1.142	1.210	1.277	1.344	1.411
22 »	986	1.056	1.126	1.197	1.267	1.338	1.408	1.478
23 »	1.030	1.104	1.178	1.251	1.325	1.398	1.472	1.546
24 »	1.075	1.152	1.229	1.306	1.382	1.459	1.536	1.613
25 »	1.120	1.200	1.280	1.360	1.440	1.520	1.600	1.680

LONGUEUR.	FACES OU CÔTES DES CARRÉS, en centimètres.							
	16 sur 44.	16 sur 46.	16 sur 48.	16 sur 50.	16 sur 52.	16 sur 54.	16 sur 56.	16 sur 58.
m. d.	m. d.	m. d.	m. d.	m. d.	m. d.	m. d.	m. d.	m. d.
2	14	15	15	16	17	17	18	19
4	28	29	31	32	33	35	36	37
6	42	44	46	48	50	52	54	56
8	56	59	61	64	67	69	72	74
1 »	70	74	77	80	83	86	90	93
2 »	141	147	154	160	166	173	179	186
3 »	211	221	230	240	250	259	269	278
4 »	282	294	307	320	333	346	358	371
5 »	352	368	384	400	416	432	448	464
6 »	422	462	461	480	499	518	538	557
7 »	493	515	538	560	582	605	627	650
8 »	563	589	614	640	666	694	717	742
9 »	634	662	691	720	749	778	806	835
10 »	704	736	768	800	832	864	896	928
11 »	774	810	845	880	915	950	986	1.021
12 »	845	883	922	960	998	1.037	1.075	1.114
13 »	915	937	998	1.040	1.082	1.123	1.165	1.206
14 »	986	1.030	1.075	1.120	1.165	1.210	1.254	1.299
15 »	1.056	1.104	1.152	1.200	1.248	1.296	1.344	1.392
16 »	1.426	1.178	1.229	1.280	1.331	1.382	1.434	1.485
17 »	1.197	1.251	1.306	1.360	1.414	1.469	1.523	1.578
18 »	1.267	1.325	1.382	1.440	1.498	1.555	1.613	1.670
19 »	1.338	1.398	1.459	1.520	1.581	1.642	1.702	1.763
20 »	1.408	1.472	1.536	1.600	1.664	1.728	1.792	1.856
21 »	1.478	1.546	1.613	1.680	1.747	1.814	1.882	1.949
22 »	1.549	1.619	1.699	1.760	1.830	1.901	1.971	2.042
23 »	1.619	1.693	1.766	1.840	1.914	1.987	2.061	2.134
24 »	1.690	1.766	1.843	1.920	1.997	2.074	2.150	2.227
25 »	1.760	1.840	1.920	2. »	2.080	2.160	2.240	2.320

LONGUEUR.	FACES OU CÔTÉS DES CARRÉS, en centimètres.							
	16 sur 60.	16 sur 62.	16 sur 64.	16 sur 66.	16 sur 68.	16 sur 70.	18 sur 18.	18 sur 20.
m. d.	m. d.	m. d.	m. d.	m. d.	m. d.	m. d.	m. d.	m. d.
2	19	20	20	21	22	22	6	7
4	38	40	41	42	44	45	13	14
6	58	60	61	36	65	67	19	22
8	77	79	82	84	87	90	26	29
1 »	96	99	102	106	109	112	32	36
2 »	192	198	205	211	218	224	65	72
3 »	288	298	307	317	326	336	97	108
4 »	384	397	410	422	435	448	130	144
5 »	480	496	512	528	544	560	162	180
6 »	576	595	614	634	653	672	194	216
7 »	672	694	717	739	762	784	227	252
8 »	768	794	819	845	870	896	259	288
9 »	864	893	922	950	979	1.008	292	324
10 »	960	992	1.024	1.056	1.088	1.120	324	360
11 »	1.056	1.091	1.126	1.162	1.197	1.232	356	396
12 »	1.152	1.190	1.229	1.267	1.306	1.344	389	432
13 »	1.248	1.290	1.331	1.373	1.414	1.456	421	468
14 »	1.344	1.389	1.434	1.478	1.523	1.568	454	504
15 »	1.440	1.488	1.536	1.584	1.632	1.680	486	540
16 »	1.536	1.587	1.638	1.690	1.744	1.792	518	576
17 »	1.632	1.686	1.741	1.795	1.850	1.904	551	612
18 »	1.728	1.786	1.843	1.901	1.958	2.016	583	648
19 »	1.824	1.885	1.946	2.006	2.067	2.128	616	684
20 »	1.920	1.984	2.048	2.112	2.176	2.240	648	720
21 »	2.016	2.083	2.150	2.218	2.285	2.352	680	756
22 »	2.112	2.182	2.253	2.323	2.394	2.464	713	792
23 »	2.208	2.282	2.355	2.429	2.502	2.576	745	828
24 »	2.304	2.384	2.458	2.534	2.611	2.688	778	864
25 »	2.400	2.480	2.560	2.640	2.720	2.800	810	900

LONGUEUR.	FACES OU CÔTÉS DES CARRÉS, en centimètres.							
	18 sur 22.	18 sur 24.	18 sur 26.	18 sur 28.	18 sur 30.	18 sur 32.	18 sur 34.	18 sur 36.
m. d.	m. d.	m. d.	m. d.	m. d.	m. d.	m. d.	m. d.	m. d.
2	8	9	9	10	11	12	12	13
4	16	17	19	20	22	23	24	26
6	24	26	28	30	32	35	37	39
8	32	35	37	40	43	46	49	52
1 »	40	43	46	50	54	58	61	65
2 »	79	86	94	101	108	115	122	130
3 »	119	130	140	151	162	173	184	194
4 »	158	173	187	202	216	230	245	259
5 »	198	216	234	252	270	288	306	324
6 »	238	259	281	302	324	346	367	389
7 »	277	302	328	353	378	403	428	454
8 »	317	346	374	403	432	461	490	518
9 »	356	389	421	454	486	518	551	583
10 »	396	432	468	504	540	576	612	648
11 »	436	475	515	554	594	634	673	713
12 »	475	518	562	605	648	691	734	778
13 »	515	562	608	655	702	749	796	842
14 »	554	605	655	706	756	806	857	907
15 »	594	648	702	756	810	864	918	972
16 »	634	691	749	806	864	922	979	1.037
17 »	673	734	796	857	918	979	1.040	1.102
18 »	713	778	842	907	972	1.037	1.102	1.166
19 »	752	821	889	958	1.026	1.094	1.163	1.231
20 »	792	864	936	1.008	1.080	1.152	1.224	1.296
21 »	832	907	983	1.058	1.134	1.210	1.285	1.361
22 »	871	950	1.030	1.109	1.188	1.267	1.346	1.426
23 »	911	994	1.076	1.159	1.242	1.325	1.408	1.490
24 »	950	1.037	1.123	1.210	1.296	1.382	1.469	1.555
25 »	990	1.080	1.170	1.260	1.350	1.440	1.530	1.620

LONGUEUR.	FACES OU CÔTÉS DES CARRÉS, en centimètres.							
	18 sur 38.	18 sur 40.	18 sur 42.	18 sur 44.	18 sur 46.	18 sur 48.	18 sur 50.	18 sur 52.
m. d.	m. d.	m. d.	m. d.	m. d.	m. d.	m. d.	m. d.	m. d.
2	14	14	15	16	17	17	18	19
4	27	29	30	32	33	35	36	37
6	41	43	45	48	50	52	54	56
8	55	58	60	63	66	69	72	75
1 »	68	72	76	79	83	86	90	94
2 »	137	144	151	158	166	173	180	187
3 »	205	216	227	238	248	259	270	281
4 »	274	288	302	317	331	346	360	374
5 »	342	360	378	396	414	432	450	468
6 »	410	432	454	475	507	518	540	562
7 »	479	504	529	554	580	605	630	655
8 »	547	576	605	634	662	691	720	749
9 »	616	648	680	713	745	778	810	842
10 »	684	720	756	792	828	864	900	936
11 »	752	792	832	871	911	950	990	1.030
12 »	821	864	907	950	994	1.037	1.080	1.123
13 »	889	936	983	1.030	1.076	1.123	1.170	1.217
14 »	958	1.008	1.058	1.109	1.159	1.210	1.260	1.310
15 »	1.026	1.080	1.134	1.188	1.242	1.296	1.350	1.404
16 »	1.094	1.152	1.210	1.267	1.325	1.382	1.440	1.498
17 »	1.163	1.224	1.295	1.346	1.408	1.469	1.530	1.591
18 »	1.231	1.296	1.361	1.426	1.490	1.555	1.620	1.685
19 »	1.300	1.368	1.436	1.505	1.573	1.642	1.710	1.778
20 »	1.368	1.440	1.512	1.584	1.656	1.728	1.800	1.872
21 »	1.436	1.512	1.588	1.663	1.739	1.814	1.890	1.966
22 »	1.505	1.584	1.663	1.742	1.822	1.901	1.980	2.059
23 »	1.573	1.656	1.739	1.822	1.904	1.987	2.070	2.153
24 »	1.642	1.728	1.814	1.901	1.987	2.074	2.160	2.246
25 »	1.710	1.800	1.890	1.980	2.070	2.160	2.250	2.340

LONGUEUR.	FACES OU CÔTÉS DES CARRÉS, en centimètres.							
	18 sur 54.	18 sur 56.	18 sur 58.	18 sur 60.	18 sur 62.	18 sur 64.	18 sur 66.	18 sur 68.
m. d.	m. d.	m. d.	m. d.	m. d.	m. d.	m. d.	m. d.	m. d.
2	19	20	21	22	22	23	24	24
4	39	40	42	43	45	46	48	49
6	58	60	63	65	67	69	71	73
8	78	81	84	86	89	92	95	98
1 »	97	101	104	108	112	115	119	122
2 »	194	201	209	216	223	230	238	243
3 »	292	302	313	324	335	346	356	367
4 »	389	403	418	432	446	461	475	490
5 »	486	504	522	540	553	576	594	612
6 »	583	605	626	648	670	691	713	734
7 »	680	706	731	756	781	806	832	857
8 »	778	806	835	864	893	922	950	979
9 »	875	907	940	972	1.004	1.037	1.069	1.102
10 »	972	1.008	1.044	1.080	1.116	1.152	1.188	1.224
11 »	1.069	1.109	1.148	1.188	1.238	1.267	1.307	1.346
12 »	1.166	1.210	1.253	1.296	1.349	1.382	1.426	1.469
13 »	1.264	1.310	1.357	1.404	1.461	1.498	1.544	1.591
14 »	1.361	1.411	1.462	1.512	1.572	1.613	1.663	1.714
15 »	1.458	1.512	1.566	1.620	1.684	1.728	1.782	1.836
16 »	1.555	1.613	1.670	1.728	1.796	1.843	1.901	1.958
17 »	1.652	1.714	1.775	1.836	1.907	1.958	2.020	2.081
18 »	1.750	1.814	1.879	1.944	2.019	2.074	2.138	2.203
19 »	1.847	1.915	1.984	2.052	2.120	2.189	2.257	2.326
20 »	1.944	2.016	2.088	2.160	2.232	2.304	2.376	2.448
21 »	2.041	2.117	2.192	2.268	2.344	2.419	2.495	2.570
22 »	2.138	2.218	2.297	2.376	2.455	2.534	2.614	2.693
23 »	2.236	2.318	2.401	2.484	2.567	2.650	2.732	2.815
24 »	2.333	2.419	2.506	2.592	2.678	2.765	2.851	2.938
25 »	2.430	2.520	2.610	2.700	2.790	2.880	2.970	3.060

LONGUEUR.	FACES OU CÔTÉS DES CARRÉS, en centimètres.							
	18 sur 70.	20 sur 20.	20 sur 22.	20 sur 24.	20 sur 26.	20 sur 28.	20 sur 30.	20 sur 32.
m. d.	m. d.	m. d.	m. d.	m. d.	m. d.	m. d.	m. d.	m. d.
2	25	8	9	10	10	11	12	13
4	50	16	18	19	21	22	24	26
6	76	24	26	29	31	34	36	38
8	101	32	35	38	42	45	48	51
1 »	126	40	44	48	52	56	60	64
2 »	252	80	88	96	104	112	120	128
3 »	378	120	132	144	156	168	180	192
4 »	504	160	176	192	208	224	240	256
5 »	630	200	220	240	260	280	300	320
6 »	756	240	264	288	312	336	360	384
7 »	882	280	308	336	364	392	420	448
8 »	1.008	320	352	384	446	448	480	512
9 »	1.134	360	396	432	468	504	540	576
10 »	1.260	400	440	480	520	560	600	640
11 »	1.386	440	484	528	572	616	660	704
12 »	1.512	480	528	576	624	672	720	768
13 »	1.638	520	572	624	676	728	780	832
14 »	1.764	560	616	672	728	784	840	896
15 »	1.890	600	660	720	780	840	900	960
16 »	2.016	640	704	768	832	896	960	1.024
17 »	2.142	680	748	816	884	952	1.020	1.088
18 »	2.268	720	792	864	936	1.008	1.080	1.152
19 »	2.394	760	836	912	988	1.064	1.140	1.216
20 »	2.520	800	880	960	1.040	1.120	1.200	1.280
21 »	2.646	840	924	1.008	1.092	1.176	1.260	1.344
22 »	2.772	880	968	1.056	1.144	1.232	1.320	1.408
23 »	2.898	920	1.012	1.104	1.196	1.288	1.380	1.472
24 »	3.024	960	1.056	1.152	1.248	1.344	1.440	1.536
25 »	3.150	1. »	1.100	1.200	1.300	1.400	1.500	1.600

LONGUEUR.	FACES OU CÔTÉS DES CARRÉS, en centimètres.							
	20 sur 34.	20 sur 36.	20 sur 38.	20 sur 40.	20 sur 42.	20 sur 44.	20 sur 46.	20 sur 48.
	m. d.	m. d.	m. d.	m. d.	m. d.	m. d.	m. d.	m. d.
2	11	14	15	16	17	18	18	19
4	27	29	30	32	34	35	37	38
6	41	43	46	48	50	53	55	58
8	54	58	61	64	67	70	74	77
1 »	68	72	76	80	84	88	92	96
2 »	136	144	152	160	168	176	184	192
3 »	204	216	228	240	252	264	276	288
4 »	272	288	304	320	336	352	368	384
5 »	340	360	380	400	420	440	460	480
6 »	408	432	456	480	504	528	552	576
7 »	476	504	532	560	588	616	644	672
8 »	544	576	608	640	672	704	736	768
9 »	612	648	684	720	756	792	828	864
10 »	680	720	760	800	840	880	920	960
11 »	748	792	836	880	924	968	1.012	1.056
12 »	816	864	912	960	1.008	1.056	1.104	1.152
13 »	884	936	988	1.040	1.092	1.144	1.196	1.248
14 »	952	1.008	1.064	1.120	1.176	1.232	1.288	1.344
15 »	1.020	1.080	1.140	1.200	1.260	1.320	1.380	1.440
16 »	1.088	1.152	1.216	1.280	1.344	1.408	1.472	1.536
17 »	1.156	1.224	1.292	1.360	1.344	1.496	1.564	1.632
18 »	1.224	1.296	1.368	1.440	1.512	1.584	1.656	1.728
19 »	1.292	1.368	1.444	1.520	1.596	1.672	1.748	1.824
20 »	1.360	1.440	1.520	1.600	1.680	1.760	1.840	1.920
21 »	1.428	1.512	1.596	1.680	1.764	1.848	1.932	2.016
22 »	1.496	1.584	1.672	1.760	1.848	1.936	2.024	2.112
23 »	1.564	1.656	1.748	1.840	1.932	2.024	2.116	2.208
24 »	1.632	1.728	1.824	1.920	2.016	2.112	2.208	2.304
25 »	1.700	1.800	1.900	2. »	2.100	2.200	2.300	2.400

LONGUEUR.	FACES OU CÔTÉS DES CARRÉS, en centimètres.							
	20 sur 50.	20 sur 52.	20 sur 54.	20 sur 56.	20 sur 58.	20 sur 60.	20 sur 62.	20 sur 64.
m. d.	m. d.	m. d.	m. d.	m. d.	m. d.	m. d.	m. d.	m. d.
2	20	21	22	22	23	24	25	26
4	40	42	43	45	46	48	50	51
6	60	62	65	67	70	72	74	77
8	80	83	86	90	93	96	99	102
1 »	100	104	108	112	116	120	124	128
2 »	200	208	216	224	232	240	248	256
3 »	300	312	324	336	348	360	372	384
4 »	400	416	432	448	464	480	496	512
5 »	500	520	540	560	580	600	620	640
6 »	600	624	648	672	696	720	744	768
7 »	700	728	756	784	812	840	868	896
8 »	800	832	864	896	928	960	992	1.024
9 »	900	936	972	1.008	1.044	1.080	1.116	1.152
10 »	1. »	1.040	1.080	1.120	1.160	1.200	1.240	1.280
11 »	1.100	1.144	1.188	1.232	1.276	1.320	1.364	1.408
12 »	1.200	1.248	1.296	1.344	1.392	1.440	1.488	1.536
13 »	1.300	1.352	1.404	1.456	1.508	1.560	1.612	1.664
14 »	1.400	1.456	1.512	1.568	1.624	1.680	1.736	1.792
15 »	1.500	1.560	1.620	1.680	1.740	1.800	1.860	1.920
16 »	1.600	1.664	1.728	1.792	1.856	1.920	1.984	2.048
17 »	1.700	1.768	1.836	1.904	1.972	2.040	2.108	2.176
18 »	1.800	1.872	1.944	2.016	2.088	2.160	2.232	2.304
19 »	1.900	1.976	2.052	2.128	2.204	2.280	2.356	2.432
20 »	2. »	2.080	2.160	2.240	2.320	2.400	2.480	2.560
21 »	2.100	2.184	2.268	2.352	2.436	2.520	2.604	2.688
22 »	2.200	2.288	2.376	2.464	2.552	2.640	2.728	2.816
23 »	2.300	2.392	2.484	2.576	2.668	2.760	2.852	2.944
24 »	2.400	2.496	2.592	2.688	2.784	2.880	2.976	3.072
25 »	2.500	2.600	2.700	2.800	2.000	3. »	3.100	3.200

LONGUEUR.	FACES OU CÔTÉS DES CARRÉS, en centimètres.							
	20 sur 66.	20 sur 68.	20 sur 70.	22 sur 22.	22 sur 24.	22 sur 26.	22 sur 28.	22 sur 30
m. d.	m. d.	m. d.	m. d.	m. d.	m. d.	m. d.	m. d.	m. d.
2	26	27	28	10	11	11	12	13
4	53	54	56	19	21	23	25	26
6	79	82	84	29	32	34	37	40
8	106	109	112	39	42	46	49	53
1 »	132	136	140	48	53	57	62	66
2 »	264	272	280	97	106	114	123	132
3 »	396	408	420	145	158	172	185	198
4 »	528	544	560	194	211	229	246	264
5 »	660	680	700	242	264	286	308	330
6 »	792	816	840	290	317	343	370	396
7 »	924	952	980	339	370	400	431	462
8 »	1.056	1.088	1.120	387	422	458	493	528
9 »	1.188	1.224	1.260	436	475	515	554	594
10 »	1.320	1.360	1.400	484	528	572	616	660
11 »	1.452	1.496	1.540	532	584	629	678	726
12 »	1.584	1.632	1.680	581	634	686	739	792
13 »	1.716	1.768	1.820	629	686	744	801	858
14 »	1.848	1.904	1.960	678	739	801	862	924
15 »	1.980	2.040	2.100	726	792	858	924	990
16 »	2.112	2.176	2.240	774	845	915	986	1.056
17 »	2.244	2.312	2.380	823	898	972	1.047	1.122
18 »	2.376	2.448	2.520	871	950	1.030	1.109	1.188
19 »	2.508	2.584	2.660	920	1.003	1.087	1.471	1.254
20 »	2.640	2.720	2.800	968	1.056	1.144	1.232	1.320
21 »	2.772	2.856	2.940	1.016	1.109	1.201	1.294	1.386
22 »	2.904	2.992	3.080	1.065	1.162	1.258	1.355	1.452
23 »	3.036	3.128	3.220	1.113	1.214	1.346	1.417	1.518
24 »	3.168	3.264	3.360	1.162	1.267	1.373	1.478	1.584
25 »	3.300	3.400	3.500	1.210	1.320	1.430	1.540	1.650

LONGUEUR.	FACES OU CÔTÉS DES CARRÉS, en centimètres.							
	22 sur 32.	22 sur 34.	22 sur 36.	22 sur 38.	22 sur 40.	22 sur 42.	22 sur 44.	22 sur 46.
m. d.	m. d.	m. d.	m. d.	m. d.	m. d.	m. d.	m. d.	m. d.
2	14	15	16	17	18	18	19	20
4	28	30	32	33	35	37	39	40
6	42	45	48	50	53	55	58	61
8	56	60	63	67	70	74	77	81
1 »	70	75	79	84	88	92	97	101
2 »	141	150	158	167	176	185	194	202
3 »	211	224	228	251	264	277	290	304
4 »	282	299	317	334	352	370	387	405
5 »	352	374	396	418	440	462	484	506
6 »	422	449	475	502	528	554	581	607
7 »	493	524	554	585	616	647	678	708
8 »	563	598	634	669	704	739	774	800
9 »	634	673	713	752	792	832	871	911
10 »	704	748	792	836	880	924	963	1.012
11 »	774	823	871	920	968	1.016	1.065	1.113
12 »	845	898	950	1.003	1.056	1.109	1.162	1.214
13 »	915	972	1.030	1.087	1.144	1.201	1.258	1.316
14 »	986	1.047	1.109	1.170	1.232	1.294	1.355	1.417
15 »	1.056	1.122	1.188	1.254	1.320	1.386	1.452	1.518
16 »	1.126	1.197	1.267	1.338	1.408	1.478	1.549	1.619
17 »	1.197	1.272	1.346	1.421	1.496	1.571	1.646	1.720
18 »	1.267	1.346	1.426	1.505	1.584	1.663	1.742	1.822
19 »	1.338	1.421	1.505	1.588	1.672	1.756	1.839	1.923
20 »	1.408	1.496	1.584	1.672	1.760	1.848	1.936	2.024
21 »	1.478	1.571	1.663	1.756	1.848	1.940	2.033	2.125
22 »	1.549	1.646	1.742	1.839	1.936	2.033	2.130	2.226
23 »	1.619	1.720	1.822	1.923	2.024	2.125	2.226	2.328
24 »	1.690	1.795	1.901	2.006	2.112	2.248	2.323	2.429
25 »	1.760	1.870	1.980	2.090	2.200	2.310	2.420	2.530

LONGUEUR.	FACES OU CÔTÉS DES CARRÉS, en centimètres.							
	22 sur 48.	22 sur 50.	22 sur 52.	22 sur 54.	22 sur 56.	22 sur 58.	22 sur 60.	22 sur 62.
m. d.	m. d.	m. d.	m. d.	m. d.	m. d.	m. d.	m. d.	m. d.
2	21	22	23	24	25	26	26	27
4	42	44	46	48	49	51	53	55
6	63	66	69	71	74	77	79	82
8	84	88	92	95	99	102	106	109
1 »	106	110	114	119	123	128	132	136
2 »	211	220	229	238	246	255	264	273
3 »	317	330	343	356	370	383	396	409
4 »	422	440	458	475	493	510	528	546
5 »	528	550	572	594	616	638	660	682
6 »	634	660	686	713	739	766	792	818
7 »	739	770	801	832	862	893	924	955
8 »	845	880	915	956	986	1.024	1.056	1.091
9 »	950	990	1.030	1.069	1.109	1.148	1.183	1.228
10 »	1.056	1.100	1.144	1.488	1.232	1.276	1.320	1.364
11 »	1.162	1.210	1.258	1.307	1.255	1.404	1.452	1.500
12 »	1.267	1.320	1.373	1.426	1.478	1.531	1.584	1.637
13 »	1.373	1.430	1.487	1.544	1.602	1.659	1.716	1.773
14 »	1.478	1.540	1.602	1.663	1.725	1.786	1.848	1.910
15 »	1.584	1.650	1.716	1.782	1.848	1.914	1.980	2.046
16 »	1.690	1.760	1.830	1.901	1.971	2.042	2.112	2.182
17 »	1.795	1.870	1.945	2.020	2.094	2.169	2.244	2.319
18 »	1.901	1.980	2.059	2.138	2.218	2.297	2.376	2.455
19 »	2.006	2.090	2.174	2.257	2.344	2.424	2.508	2.592
20 »	2.112	2.200	2.288	2.376	2.464	2.552	2.640	2.728
21 »	2.218	2.310	2.402	2.495	2.587	2.680	2.772	2.864
22 »	2.323	2.420	2.517	2.614	2.710	2.807	2.904	3.001
23 »	2.429	2.530	2.631	2.732	2.834	2.935	3.036	3.137
24 »	2.534	2.640	2.746	2.851	2.957	3.062	3.168	3.274
25 »	2.640	2.750	2.860	2.970	3.080	3.190	3.300	3.410

LONGUEUR.	FACES OU CÔTÉS DES CARRÉS, en centimètres.							
	22 sur 64.	22 sur 66.	22 sur 68.	22 sur 70.	24 sur 24.	24 sur 26.	24 sur 28.	24 sur 30.
m. d.	m. d.	m. d.	m. d.	m d.	m. d.	m. d.	m. d.	m. d.
2	28	29	30	31	12	12	13	14
4	56	58	60	62	23	25	27	29
6	84	87	90	92	35	37	40	43
8	113	116	120	123	46	50	54	58
1 »	144	145	150	154	58	62	67	72
2 »	282	290	299	308	115	125	134	144
3 »	422	436	449	462	173	187	202	216
4 »	563	581	598	616	230	250	269	288
5 »	704	726	748	770	288	312	336	360
6 »	845	871	898	924	346	374	403	432
7 »	936	1.016	1.047	1.078	403	437	470	504
8 »	1.126	1.162	1.197	1.232	461	499	538	576
9 »	1.267	1.307	1.346	1.386	518	562	605	648
10 »	1.408	1.452	1.496	1.540	576	624	672	720
11 »	1.549	1.597	1.646	1.694	634	686	739	792
12 »	1.690	1.742	1.795	1.848	691	749	806	864
13 »	1.830	1.888	1.945	2.002	749	811	874	936
14 »	1.971	2.033	2.094	2.156	806	874	941	1.008
15 »	2.112	2.178	2.244	2.310	864	936	1.008	1.080
16 »	2.253	2.323	2.394	2.464	922	998	1.075	1.152
17 »	2.394	2.468	2.543	2.618	979	1.061	1.142	1.224
18 »	2.534	2.614	2.693	2.772	1.037	1.123	1.240	1.296
19 »	2.675	2.759	2.842	2.926	1.094	1.186	1.277	1.368
20 »	2.816	2.904	2.992	3.080	1.152	1.248	1.344	1.440
21 »	2.957	3.049	3.142	3.234	1.210	1.310	1.411	1.512
22 »	3.098	3.194	3.291	3.388	1.267	1.373	1.478	1.584
23 »	3.238	3.340	3.441	3.542	1.325	1.435	1.546	1.656
24 »	3.379	3.485	3.590	3.696	1.382	1.498	1.613	1.728
25 »	3.520	3.630	3.740	3.850	1.440	1.560	1.680	1.800

LONGUEUR	FACES OU CÔTÉS DES CARRES, en centimètres.							
	24 sur 32.	24 sur 34.	24 sur 36.	24 sur 38.	24 sur 40.	24 sur 42.	24 sur 44.	24 sur 46.
m. d.	m. d.	m. d.	m. d.	m. d.	m. d.	m. d.	m. d.	m. d.
2	15	16	17	18	19	20	21	22
4	31	33	35	36	38	40	42	44
6	46	49	52	55	58	60	63	66
8	61	65	69	73	77	91	84	88
1 »	77	82	86	91	96	101	106	110
2 »	154	163	173	182	192	202	211	221
3 »	230	245	259	274	288	302	317	331
4 »	307	326	346	365	384	403	422	442
5 »	384	408	432	456	480	504	528	552
6 »	461	490	518	547	576	605	634	662
7 »	538	571	605	638	672	706	739	773
8 »	614	653	691	730	768	806	845	883
9 »	691	734	778	821	864	907	950	994
10 »	768	816	864	912	960	1.008	1.056	1.104
11 »	845	898	950	1.003	1.056	1.109	1.162	1.214
12 »	922	979	1.037	1.094	1.152	1.210	1.267	1.325
13 »	998	1.061	1.123	1.186	1.248	1.310	1.373	1.435
14 »	1.075	1.142	1.210	1.277	1.344	1.411	1.478	1.546
15 »	1.152	1.224	1.296	1.368	1.440	1.512	1.584	1.656
16 »	1.229	1.306	1.382	1.459	1.536	1.613	1.690	1.766
17 »	1.306	1.387	1.469	1.550	1.632	1.714	1.795	1.877
18 »	1.382	1.469	1.555	1.642	1.728	1.814	1.901	1.987
19 »	1.459	1.550	1.642	1.733	1.824	1.915	2.006	2.098
20 »	1.536	1.632	1.728	1.824	1.920	2.016	2.112	2.208
21 »	1.613	1.714	1.814	1.915	2.016	2.117	2.218	2.318
22 »	1.690	1.795	1.901	2.006	2.112	2.248	2.323	2.429
23 »	1.766	1.877	1.987	2.098	2.208	2.318	2.429	2.539
24 »	1.843	1.958	2.074	2.189	2.304	2.449	2.534	2.650
25 »	1.926	2.040	2.160	2.280	2.400	2.520	2.640	2.766

FACES OU CÔTÉS DES CARRÉS, en centimètres.

LONGUEUR	24 sur 48.	24 sur 50.	24 sur 52.	24 sur 54.	24 sur 56.	24 sur 58.	24 sur 60.	24 sur 62.
m. d.	m. d.	m. d.	m. d.	m. d.	m. d.	m. d.	m. d.	m. d.
2	23	24	25	26	27	28	29	30
4	46	48	50	52	54	56	58	60
6	69	72	75	78	81	84	86	89
8	92	96	100	104	108	111	115	119
1 »	115	120	125	130	134	139	143	149
2 »	230	240	250	259	269	278	288	298
3 »	346	360	374	389	403	418	432	446
4 »	461	480	499	518	538	557	576	595
5 »	576	600	624	648	672	696	720	744
6 »	691	720	749	778	806	835	864	893
7 »	806	840	874	907	941	974	1.008	1.042
8 »	922	960	998	1.037	1.075	1.114	1.152	1.190
9 »	1.037	1.080	1.123	1.166	1.210	1.253	1.296	1.339
10 »	1.152	1.200	1.248	1.296	1.344	1.392	1.440	1.488
11 »	1.267	1.320	1.373	1.426	1.478	1.531	1.584	1.637
12 »	1.382	1.440	1.498	1.555	1.613	1.670	1.728	1.786
13 »	1.498	1.560	1.622	1.685	1.747	1.810	1.872	1.934
14 »	1.613	1.680	1.747	1.814	1.882	1.949	2.016	2.083
15 »	1.728	1.800	1.872	1.944	2.016	2.088	2.160	2.232
16 »	1.843	1.920	1.997	2.074	2.150	2.227	2.304	2.381
17 »	1.958	2.040	2.122	2.203	2.285	2.363	2.448	2.530
18 »	2.074	2.160	2.247	2.333	2.419	2.506	2.592	2.679
19 »	2.189	2.280	2.371	2.462	2.554	2.645	2.736	2.827
20 »	2.304	2.400	2.496	2.592	2.688	2.784	2.880	2.976
21 »	2.419	2.520	2.621	2.722	2.822	2.923	3.024	3.125
22 »	2.534	2.640	2.746	2.851	2.957	3.062	3.168	3.274
23 »	2.640	2.760	2.870	2.981	3.094	3.202	3.312	3.422
24 »	2.765	2.880	2.995	3.110	3.226	3.341	3.456	3.571
25 »	2.880	3. »	3.120	3.240	3.360	3.480	3.600	3.720

LONGUEUR.	FACES OU CÔTÉS DES CARRÉS, en centimètres.							
	24 sur 64.	24 sur 66.	24 sur 68.	24 sur 70.	26 sur 26.	26 sur 28.	26 sur 30.	26 sur 32.
	m. d.	m. d.	m. d.	m. d.	m. d.	m. d.	m. d.	m. d.
2	31	32	33	34	14	15	16	17
4	61	63	65	67	27	29	31	33
6	92	95	98	101	41	44	47	50
8	123	127	131	134	54	58	62	67
1 »	154	158	163	168	68	73	78	83
2 »	307	317	326	336	135	146	156	166
3 »	461	475	490	504	203	218	234	250
4 »	614	634	653	672	270	291	312	333
5 »	768	792	816	840	338	364	390	416
6 »	922	950	979	1.008	406	437	468	499
7 »	1.075	1.109	1.142	1.176	473	509	546	582
8 »	1.229	1.267	1.306	1.344	541	582	624	666
9 »	1.382	1.426	1.469	1.512	608	655	702	749
10 »	1.536	1.584	1.632	1.680	676	728	780	832
11 »	1.690	1.742	1.795	1.848	744	801	858	915
12 »	1.843	1.901	1.958	2.016	811	874	936	998
13 »	1.997	2.059	2.122	2.184	879	946	1.014	1.082
14 »	2.150	2.218	2.285	2.352	946	1.019	1.092	1.165
15 »	2.304	2.376	2.448	2.520	1.014	1.098	1.170	1.248
16 »	2.458	2.534	2.611	2.688	1.082	1.164	1.248	1.331
17 »	2.611	2.693	2.774	2.856	1.149	1.238	1.326	1.414
18 »	2.765	2.851	2.938	3.024	1.217	1.310	1.404	1.498
19 »	2.918	3.010	3.101	3.192	1.284	1.383	1.482	1.581
20 »	3.072	3.168	3.264	3.360	1.352	1.456	1.560	1.664
21 »	3.226	3.326	3.427	3.528	1.420	1.529	1.638	1.747
22 »	3.379	3.485	3.590	3.696	1.487	1.602	1.716	1.830
23 »	3.533	3.643	3.754	3.864	1.555	1.674	1.794	1.914
24 »	3.686	3.802	3.917	4.032	1.622	1.747	1.872	1.997
25 »	3.840	3.960	4.080	4.200	1.690	1.820	1.950	2.080

LONGUEUR.	FACES OU CÔTÉS DES CARRÉS, en centimètres.							
	26 sur 34.	26 sur 36.	26 sur 38.	26 sur 40.	26 sur 42.	26 sur 44.	26 sur 46.	26 sur 48.
	m. d.	m. d.	m. d.	m. d.	m. d.	m. d.	m. d.	m. d.
2	18	19	20	21	22	23	24	25
4	35	37	40	42	44	46	48	50
6	53	56	59	62	66	69	72	75
8	71	75	79	83	87	92	96	100
1 »	88	94	99	104	109	114	120	125
2 »	177	187	198	208	218	229	239	250
3 »	265	281	297	312	328	343	359	374
4 »	354	374	395	416	437	458	478	499
5 »	442	468	494	520	546	572	598	624
6 »	530	562	593	624	655	686	718	749
7 »	619	655	692	728	764	801	837	874
8 »	707	749	790	832	874	915	957	998
9 »	796	842	889	936	983	1.030	1.076	1.123
10 »	884	936	988	1.040	1.092	1.144	1.196	1.248
11 »	972	1.030	1.087	1.144	1.201	1.258	1.316	1.373
12 »	1.061	1.123	1.186	1.248	1.310	1.373	1.435	1.498
13 »	1.149	1.217	1.284	1.352	1.420	1.487	1.555	1.622
14 »	1.238	1.310	1.383	1.456	1.529	1.602	1.674	1.747
15 »	1.326	1.404	1.482	1.560	1.638	1.717	1.794	1.872
16 »	1.414	1.498	1.581	1.664	1.747	1.830	1.914	1.996
17 »	1.503	1.591	1.680	1.768	1.856	1.945	2.033	2.122
18 »	1.594	1.685	1.778	1.872	1.966	2.059	2.153	2.247
19 »	1.680	1.778	1.877	1.976	2.075	2.174	2.272	2.371
20 »	1.768	1.872	1.976	2.080	2.184	2.288	2.392	2.496
21 »	1.856	1.966	2.075	2.184	2.293	2.402	2.512	2.621
22 »	1.945	2.059	2.174	2.288	2.402	2.517	2.634	2.746
23 »	2.033	2.153	2.272	2.392	2.512	2.634	2.751	2.870
24 »	2.122	2.246	2.371	2.496	2.621	2.746	2.870	2.995
25 »	2.210	2.340	2.470	2.600	2.730	2.860	2.990	3.120

LONGUEUR.	FACES OU CÔTÉS DES CARRÉS, en centimètres.							
	26 sur 50.	26 sur 52.	26 sur 54.	26 sur 56.	26 sur 58.	26 sur 60.	26 sur 62.	26 sur 64.
m. d.	m. d.	m. d.	m. d.	m. d.	m. d.	m. d.	m. d.	m. d.
2	26	27	28	29	30	31	32	33
4	52	54	56	58	60	62	64	67
6	78	81	84	87	90	94	97	100
8	104	108	112	116	121	125	129	133
1 »	130	135	140	145	151	156	161	166
2 »	260	270	281	291	302	312	322	333
3 »	390	406	421	437	452	468	484	499
4 »	520	541	562	582	603	624	645	666
5 »	650	676	702	728	754	780	806	832
6 »	780	811	842	874	905	936	967	998
7 »	910	946	983	1.019	1.056	1.092	1.128	1.165
8 »	1.040	1.082	1.123	1.165	1.206	1.248	1.290	1.331
9 »	1.190	1.217	1.264	1.310	1.357	1.404	1.451	1.498
10 »	1.300	1.352	1.404	1.456	1.508	1.560	1.612	1.664
11 »	1.430	1.487	1.544	1.602	1.659	1.716	1.773	1.830
12 »	1.560	1.622	1.685	1.747	1.810	1.872	1.934	1.997
13 »	1.690	1.758	1.825	1.893	1.960	2.028	2.096	2.163
14 »	1.820	1.893	1.966	2.038	2.111	2.184	2.257	2.330
15 »	1.950	2.028	2.106	2.184	2.262	2.340	2.418	2.496
16 »	2.080	2.163	2.246	2.330	2.413	2.496	2.579	2.662
17 »	2.210	2.293	2.387	2.475	2.564	2.652	2.740	2.829
18 »	2.340	2.434	2.527	2.621	2.714	2.808	2.902	2.995
19 »	2.470	2.569	2.668	2.766	2.865	2.964	3.063	3.162
20 »	2.600	2.704	2.808	2.912	3.016	3.120	3.224	3.328
21 »	2.730	2.839	2.948	3.058	3.167	3.276	3.385	3.494
22 »	2.860	2.974	3.089	3.203	3.318	3.432	3.546	3.661
23 »	2.990	3.110	3.229	3.349	3.468	3.588	3.708	3.827
24 »	3.120	3.245	3.370	3.494	3.619	3.744	3.869	3.994
25 »	3.250	3.380	3.510	3.640	3.770	3.900	4.030	4.160

FACES OU CÔTÉS DES CARRÉS, en centimètres.

LONGUEUR.	26 sur 66.	26 sur 68.	26 sur 70.	28 sur 28.	28 sur 30.	28 sur 32.	28 sur 34.	28 sur 36.
m. d.	m. d.	m. d.	m. d.	m. d.	m. d.	m. d.	m. d.	m. d.
2	34	35	36	16	17	18	19	20
4	69	71	73	31	34	36	38	40
6	103	106	109	47	50	54	57	60
8	137	141	146	63	67	72	76	81
1 »	172	177	182	78	84	90	95	101
2 »	343	354	364	157	168	179	190	201
3 »	515	530	546	235	252	269	286	302
4 »	686	707	728	314	336	358	381	403
5 »	858	884	910	392	420	448	476	504
6 »	1.030	1.061	1.092	470	504	538	571	605
7 »	1.201	1.238	1.274	549	588	627	666	706
8 »	1.373	1.414	1.456	627	672	717	762	806
9 »	1.544	1.591	1.638	706	756	806	857	907
10 »	1.716	1.768	1.820	784	840	896	952	1.008
11 »	1.888	1.945	2.002	862	924	986	1.047	1.109
12 »	2.059	2.122	2.184	941	1.008	1.075	1.142	1.210
13 »	2.231	2.298	2.366	1.019	1.092	1.165	1.238	1.310
14 »	2.402	2.475	2.548	1.098	1.176	1.254	1.333	1.411
15 »	2.574	2.652	2.730	1.176	1.260	1.344	1.428	1.512
16 »	2.746	2.829	2.912	1.254	1.344	1.434	1.523	1.613
17 »	2.917	3.006	3.094	1.333	1.428	1.523	1.648	1.714
18 »	3.089	3.182	3.276	1.411	1.512	1.613	1.714	1.814
19 »	3.260	3.359	3.458	1.490	1.596	1.703	1.809	1.915
20 »	3.432	3.536	3.640	1.568	1.680	1.792	1.904	2.016
21 »	3.604	3.713	3.822	1.646	1.764	1.882	1.999	2.117
22 »	3.775	3.890	4.004	1.725	1.848	1.971	2.094	2.218
23 »	3.947	4.066	4.186	1.803	1.932	2.061	2.190	2.318
24 »	4.118	4.243	4.368	1.882	2.016	2.150	2.285	2.419
25 »	4.290	4.420	4.550	1.960	2.100	2.240	2.380	2.520

LONGUEUR.	FACES OU CÔTÉS DES CARRÉS, en centimètres.							
	28 sur 38.	28 sur 40.	28 sur 42.	28 sur 44.	28 sur 46.	28 sur 48.	28 sur 50.	28 sur 52.
	m. d.	m. d.	m. d.	m. d.	m. d.	m. d.	m. d.	m. d
2	21	22	24	25	26	27	28	29
4	43	45	47	49	52	54	56	58
6	64	67	71	74	77	81	84	87
8	85	90	94	99	103	108	112	116
1 »	106	112	118	123	129	134	140	145
2 »	213	224	235	246	258	269	280	291
3 »	319	336	353	370	386	403	420	437
4 »	426	448	470	493	515	538	560	582
5 »	532	560	588	616	644	672	700	728
6 »	638	672	706	739	773	806	840	874
7 »	745	784	823	862	902	941	980	1.019
8 »	851	896	941	986	1.030	1.075	1.120	1.165
9 »	958	1.008	1.058	1.109	1.159	1.210	1.260	1.310
10 »	1.064	1.120	1.176	1.232	1.288	1.344	1.400	1.456
11 »	1.170	1.232	1.294	1.355	1.447	1.478	1.540	1.602
12 »	1.277	1.344	1.411	1.478	1.546	1.613	1.680	1.747
13 »	1.383	1.456	1.529	1.602	1.674	1.747	1.820	1.893
14 »	1.490	1.568	1.646	1.725	1.803	1.882	1.960	2.038
15 »	1.596	1.680	1.764	1.848	1.932	2.016	2.100	2.184
16 »	1.762	1.792	1.882	1.971	2.061	2.150	2.240	2.330
17 »	1.809	1.904	1.999	2.094	2.190	2.285	2.380	2.475
18 »	1.915	2.016	2.117	2.218	2.318	2.419	2.520	2.621
19 »	2.022	2.128	2.234	2.341	2.447	2.554	2.660	2.766
20 »	2.128	2.240	2.352	2.464	2.576	2.688	2.800	2.912
21 »	2.234	2.352	2.470	2.587	2.705	2.822	2.940	3.058
22 »	2.341	2.464	2.587	2.710	2.834	2.957	3.080	3.203
23 »	2.447	2.576	2.705	2.834	2.962	3.094	3.220	3.349
24 »	2.554	2.688	2.822	2.957	3.091	3.226	3.360	3.494
25 »	2.660	2.800	2.940	3.080	3.220	3.360	3.500	3.640

LONGUEUR.	FACES OU CÔTÉS DES CARRÉS, en centimètres.							
	28 sur 54.	28 sur 56.	28 sur 58.	28 sur 60.	28 sur 62.	28 sur 64.	28 sur 66.	28 sur 68
m. d.	m. d.	m. d.	m. d.	m. d.	m. d.	m. d.	m. d.	m. d.
2	30	31	32	34	35	36	37	38
4	60	63	65	67	69	72	74	76
6	91	94	97	101	104	108	111	114
8	121	125	130	134	139	143	148	152
1 »	151	157	162	168	174	179	185	190
2 »	302	314	325	336	347	358	370	381
3 »	454	470	487	504	521	538	554	571
4 »	605	627	650	672	694	717	739	762
5 »	756	784	812	840	868	896	924	952
6 »	907	941	974	1.008	1.042	1.075	1.109	1.142
7 »	1.058	1.098	1.137	1.176	1.215	1.254	1.294	1.333
8 »	1.210	1.254	1.299	1.344	1.389	1.434	1.478	1.523
9 »	1.361	1.411	1.462	1.512	1.562	1.613	1.663	1.714
10 »	1.512	1.568	1.624	1.680	1.736	1.792	1.848	1.904
11 »	1.663	1.725	1.786	1.848	1.910	1.971	2.033	2.094
12 »	1.814	1.882	1.949	2.016	2.083	2.150	2.218	2.285
13 »	1.966	2.038	2.111	2.184	2.257	2.330	2.402	2.475
14 »	2.117	2.195	2.274	2.352	2.430	2.509	2.587	2.666
15 »	2.268	2.352	2.436	2.520	2.604	2.688	2.772	2.856
16 »	2.419	2.509	2.598	2.688	2.778	2.867	2.957	3.046
17 »	2.570	2.666	2.761	2.856	2.951	3.046	3.142	3.237
18 »	2.722	2.822	2.923	3.024	3.125	3.226	3.326	3.427
19 »	2.873	2.979	3.086	3.192	3.298	3.405	3.511	3.618
20 »	3.024	3.136	3.248	3.360	3.472	3.584	3.696	3.808
21 »	3.175	3.293	3.410	3.528	3.646	3.763	3.881	3.998
22 »	3.326	3.450	3.573	3.696	3.819	3.942	4.066	4.189
23 »	3.478	3.606	3.735	3.864	3.993	4.122	4.250	4.379
24 »	3.629	3.763	3.898	4.032	4.166	4.301	4.435	4.570
25 »	3.780	3.920	4.060	4.200	4.340	4.480	4.620	4.760

LONGUEUR.	FACES OU CÔTÉS DES CARRÉS, en centimètres.							
	28 sur 70.	30 sur 30.	30 sur 32.	30 sur 34.	30 sur 36.	30 sur 38.	30 sur 40.	30 sur 42
m. d.	m. d.	m. d.	m. d.	m. d.	m. d.	m. d.	m. d.	m. d.
2	39	18	19	20	22	23	24	25
4	78	36	38	41	43	46	48	50
6	118	54	58	61	65	68	72	76
8	157	72	77	82	86	91	96	101
1 »	196	90	96	102	108	114	120	126
2 »	392	180	192	204	216	228	240	252
3 »	588	270	288	306	324	342	360	378
4 »	784	360	384	408	432	456	480	504
5 »	980	450	480	510	540	570	600	630
6 »	1.176	540	576	612	648	684	720	756
7 »	1.372	630	672	714	756	798	840	882
8 »	1.568	720	768	816	864	912	960	1.008
9 »	1.764	810	864	918	972	1.026	1.080	1.134
10 »	1.960	900	960	1.020	1.080	1.140	1.200	1.260
11 »	2.156	990	1.056	1.122	1.188	1.254	1.320	1.386
12 »	2.352	1.080	1.152	1.224	1.296	1.368	1.440	1.512
13 »	2.548	1.170	1.248	1.326	1.404	1.482	1.560	1.638
14 »	2.744	1.260	1.344	1.428	1.512	1.596	1.680	1.764
15 »	2.940	1.350	1.440	1.530	1.620	1.710	1.800	1.890
16 »	3.136	1.440	1.536	1.632	1.728	1.824	1.920	2.016
17 »	3.332	1.530	1.632	1.734	1.836	1.938	2.040	2.142
18 »	3.528	1.620	1.728	1.836	1.944	2.052	2.160	2.268
19 »	3.724	1.710	1.824	1.938	2.052	2.166	2.280	2.394
20 »	3.920	1.800	1.920	2.040	2.160	2.280	2.400	2.520
21 »	4.116	1.890	2.016	2.142	2.268	2.394	2.520	2.646
22 »	4.312	1.980	2.112	2.244	2.376	2.508	2.640	2.772
23 »	4.508	2.070	2.208	2.346	2.484	2.622	2.760	2.898
24 »	4.704	2.160	2.304	2.448	2.592	2.736	2.880	3.024
25 »	4.900	2.250	2.400	2.550	2.700	2.850	3.000	3.150

FACES OU CÔTÉS DES CARRÉS, en centimètres.

LONGUEUR.	30 sur 44.	30 sur 46.	30 sur 48.	30 sur 50.	30 sur 52.	30 sur 54.	30 sur 56.	30 sur 58.
m. d.	m. d.	m. d.	m. d.	m. d.	m. d.	m. d.	m. d.	m. d
2	26	28	29	30	31	32	34	35
4	53	55	58	60	62	65	67	70
6	79	83	86	90	94	97	101	104
8	106	110	115	120	125	130	134	139
1 »	132	138	144	150	156	162	168	174
2 »	264	278	288	300	312	324	336	348
3 »	396	414	432	450	468	486	504	522
4 »	528	552	576	600	624	648	672	696
5 »	660	690	720	750	780	810	840	870
6 »	792	828	864	900	936	972	1.008	1.044
7 »	924	966	1.008	1.050	1.092	1.134	1.176	1.218
8 »	1.056	1.104	1.152	1.200	1.248	1.296	1.344	1.392
9 »	1.188	1.242	1.296	1.350	1.404	1.458	1.512	1.566
10 »	1.320	1.380	1.440	1.500	1.560	1.620	1.680	1.740
11 »	1.452	1.518	1.584	1.650	1.716	1.782	1.848	1.914
12 »	1.584	1.656	1.728	1.800	1.872	1.944	2.016	2.088
13 »	1.716	1.794	1.872	1.950	2.028	2.106	2.184	2.262
14 »	1.848	1.932	2.016	2.100	2.184	2.268	2.352	2.436
15 »	1.980	2.070	2.160	2.250	2.340	2.430	2.520	2.610
16 »	2.112	2.208	2.304	2.400	2.496	2.592	2.688	2.784
17 »	2.244	2.346	2.448	2.550	2.652	2.754	2.856	2.958
18 »	2.376	2.484	2.592	2.700	2.808	2.916	3.024	3.132
19 »	2.508	2.622	2.736	2.850	2.964	3.078	3.192	3.306
20 »	2.640	2.760	2.880	3.000	3.120	3.240	3.360	3.480
21 »	2.772	2.898	3.024	3.150	3.276	3.402	3.528	3.654
22 »	2.904	3.036	3.168	3.300	3.432	3.564	3.696	3.828
23 »	3.036	3.174	3.312	3.450	3.588	3.726	3.864	4.002
24 »	3.168	3.312	3.456	3.600	3.744	3.888	4.032	4.176
25 »	3.300	3.450	3.600	3.750	3.900	4.050	4.200	4.350

LONGUEUR.	FACES OU CÔTÉS DES CARRÉS, en centimètres.							
	30 sur 60.	30 sur 62.	30 sur 64.	30 sur 66.	3) sur 68.	30 sur 70.	32 sur 32.	32 sur 34.
m. d.	m. d.	m. d.	m. d.	m. d.	m. d.	m. d.	m. d.	m. d.
2	36	37	38	40	41	42	20	22
4	72	74	77	79	82	84	41	44
6	108	112	115	119	123	126	61	65
8	144	149	154	158	163	168	82	87
1 »	180	186	192	198	204	240	102	109
2 »	360	372	384	396	408	420	205	218
3 »	540	558	576	594	612	630	307	326
4 »	720	744	768	792	816	840	410	435
5 »	900	930	960	990	1.020	1.050	512	544
6 »	1.080	1.116	1.152	1.188	1.224	1.260	614	653
7 »	1.260	1.302	1.344	1.386	1.428	1.470	717	762
8 »	1.440	1.488	1.536	1.584	1.632	1.680	819	870
9 »	1.620	1.674	1.728	1.782	1.836	1.890	922	979
10 »	1.800	1.860	1.920	1.980	2.040	2.100	1.024	1.088
11 »	1.980	2.046	2.112	2.178	2.144	2.310	1.126	1.197
12 »	2.160	2.232	2.304	2.376	2.448	2.520	1.229	1.306
13 »	2.340	2.418	2.496	2.574	2.652	2.730	1.331	1.414
14 »	2.520	2.604	2.688	2.772	2.856	2.940	1.434	1.523
15 »	2.700	2.790	2.880	2.970	3.006	3.150	1.536	1.632
16 »	2.880	2.976	3.072	3.168	3.264	3.360	1.638	1.741
17 »	3.060	3.162	3.264	3.366	3.468	3.570	1.741	1.850
18 »	3.240	3.348	3.456	3.564	3.672	3.780	1.843	1.958
19 »	3.420	3.534	3.648	3.762	3.876	3.990	1.946	2.067
20 »	3.600	3.720	3.840	3.960	4.080	4.200	2.048	2.176
21 »	3.780	3.906	4.032	4.158	4.284	4.440	2.150	2.285
22 »	3.960	4.092	4.224	4.356	4.488	4.620	2.253	2.394
23 »	4.140	4.278	4.416	4.554	4.692	4.830	2.355	2.502
24 »	4.320	4.464	4.608	4.752	4.896	5.040	2.458	2.611
25 »	4.500	4.650	4.800	4.950	5.100	5.250	2.560	2.720

LONGUEUR.	FACES OU CÔTÉS DES CARRÉS, en centimètres.							
	32 sur 36.	32 sur 38.	32 sur 40.	32 sur 42.	32 sur 44.	32 sur 46.	32 sur 48.	32 sur 50.
m. d.	m. d.	m. d.	m. d.	m. d.	m. d.	m. d.	m. d.	m. d.
2	23	24	26	27	28	29	31	32
4	46	49	51	54	56	59	61	64
6	69	73	77	81	84	88	92	96
8	92	97	102	108	113	118	123	128
1 »	115	122	128	134	141	147	154	160
2 »	230	243	256	269	282	294	307	320
3 »	346	365	384	403	422	442	461	480
4 »	461	486	512	538	563	589	614	640
5 »	576	608	640	672	704	736	768	800
6 »	691	730	768	806	845	883	932	960
7 »	806	851	896	941	986	1.030	1.075	1.120
8 »	922	973	1.024	1.075	1.126	1.178	1.229	1.280
9 »	1.037	1.094	1.152	1.210	1.267	1.325	1.382	1.440
10 »	1.152	1.216	1.280	1.344	1.408	1.472	1.536	1.600
11 »	1.267	1.338	1.408	1.478	1.549	1.619	1.690	1.760
12 »	1.382	1.459	1.536	1.613	1.690	1.766	1.843	1.920
13 »	1.498	1.581	1.664	1.747	1.830	1.914	1.997	2.080
14 »	1.613	1.702	1.792	1.882	1.971	2.061	2.150	2.240
15 »	1.728	1.824	1.920	2.016	2.112	2.208	2.304	2.400
16 »	1.843	1.946	2.048	2.150	2.253	2.355	2.458	2.560
17 »	1.958	2.067	2.176	2.285	2.394	2.502	2.611	2.720
18 »	2.074	2.189	2.304	2.419	2.534	2.650	2.765	2.880
19 »	2.189	2.310	2.432	2.554	2.675	2.797	2.918	3.040
20 »	2.304	2.432	2.560	2.688	2.816	2.944	3.072	3.200
21 »	2.419	2.554	2.688	2.822	2.957	3.091	3.226	3.360
22 »	2.534	2.675	2.816	2.957	3.098	3.238	3.379	3.520
23 »	2.650	2.797	2.944	3.091	3.238	3.386	3.533	3.680
24 »	2.765	2.918	3.072	3.226	3.379	3.533	3.686	3.840
25 »	2.880	3.040	3.200	3.360	3.520	3.680	3.840	4.000

LONGUEUR.	FACES OU CÔTÉS DES CARRÉS, en centimètres.							
	32 sur 52.	32 sur 54.	32 sur 56.	32 sur 58.	32 sur 60.	32 sur 62.	32 sur 64.	32 sur 66.
m. d.	m. d.	m. d.	m. d.	m. d.	m. d.	m. d.	m. d.	m. d.
2	33	35	36	37	38	40	41	42
4	67	69	72	74	77	79	82	84
6	100	104	108	111	115	119	123	127
8	133	138	143	148	154	159	164	169
1 »	166	173	179	186	192	198	205	211
2 »	333	346	358	371	384	397	410	422
3 »	499	519	538	557	576	595	614	634
4 »	666	691	717	742	768	794	819	845
5 »	832	864	896	928	960	992	1.024	1.056
6 »	998	1.037	1.075	1.114	1.152	1.190	1.229	1.267
7 »	1.165	1.210	1.254	1.299	1.344	1.389	1.434	1.478
8 »	1.331	1.382	1.434	1.485	1.536	1.587	1.638	1.690
9 »	1.498	1.555	1.613	1.670	1.728	1.786	1.843	1.901
10 »	1.664	1.728	1.792	1.856	1.920	1.984	2.048	2.112
11 »	1.830	1.901	1.971	2.042	2.112	2.182	2.253	2.323
12 »	1.997	2.074	2.150	2.227	2.304	2.381	2.458	2.534
13 »	2.163	2.246	2.330	2.443	2.496	2.579	2.662	2.746
14 »	2.330	2.419	2.509	2.598	2.688	2.778	2.867	2.957
15 »	2.496	2.592	2.688	2.784	2.880	2.976	3.073	3.168
16 »	2.662	2.765	2.867	2.970	3.072	3.174	3.277	3.379
17 »	2.829	2.938	3.046	3.155	3.264	3.373	3.482	3.590
18 »	2.995	3.110	3.226	3.344	3.456	3.571	3.686	3.802
19 »	3.162	3.283	3.405	3.536	3.648	3.770	3.894	4.013
20 »	3.328	3.456	3.584	3.712	3.840	3.968	4.096	4.224
21 »	3.494	3.629	3.763	3.898	4.032	4.166	4.301	4.435
22 »	3.661	3.802	3.942	4.083	4.224	4.365	4.506	4.646
23 »	3.827	3.974	4.122	4.269	4.416	4.563	4.710	4.858
24 »	3.994	4.147	4.301	4.454	4.608	4.762	4.915	5.069
25 »	4.160	4.320	4.480	4.640	4.800	4.960	5.120	5.280

LONGUEUR	FACES OU CÔTÉS DES CARRÉS, en centimètres.							
	32 sur 68.	32 sur 70.	34 sur 34.	34 sur 36.	34 sur 38.	34 sur 40.	34 sur 42.	34 sur 44.
m. d.	m. d.	m. d.	m. d.	m. d.	m. d.	m. d.	m. d.	m. d.
2	44	45	23	24	26	27	29	30
4	87	90	46	49	52	54	57	60
6	131	134	69	73	78	82	86	90
8	174	179	92	98	103	109	114	120
1 »	218	224	116	122	129	136	143	150
2 »	435	448	231	245	258	272	286	299
3 »	653	672	347	367	388	408	428	449
4 »	870	896	462	490	517	544	571	598
5 »	1.088	1.120	578	612	646	680	714	748
6 »	1.306	1.344	694	734	775	816	857	898
7 »	1.523	1.568	809	857	904	952	1.000	1.047
8 »	1.741	1.792	925	979	1.034	1.088	1.142	1.197
9 »	1.958	2.016	1.040	1.102	1.163	1.224	1.285	1.346
10 »	2.176	2.240	1.156	1.224	1.292	1.360	1.428	1.496
11 »	2.394	2.464	1.272	1.346	1.421	1.496	1.571	1.646
12 »	2.611	2.688	1.387	1.469	1.550	1.632	1.714	1.795
13 »	2.829	2.912	1.503	1.591	1.680	1.768	1.856	1.945
14 »	3.046	3.136	1.618	1.714	1.809	1.904	1.999	2.094
15 »	3.264	3.360	1.734	1.836	1.938	2.040	2.142	2.244
16 »	3.482	3.584	1.850	1.958	2.067	2.176	2.285	2.394
17 »	3.699	3.808	1.965	2.081	2.196	2.312	2.428	2.543
18 »	3.917	4.032	2.081	2.203	2.326	2.448	2.570	2.693
19 »	4.134	4.256	2.196	2.326	2.455	2.584	2.713	2.842
20 »	4.352	4.480	2.312	2.448	2.584	2.720	2.856	2.992
21 »	4.570	4.704	2.428	2.570	2.713	2.856	2.999	3.142
22 »	4.787	4.928	2.543	2.693	2.842	2.992	3.142	3.291
23 »	5.005	5.152	2.659	2.815	2.972	3.128	3.284	3.441
24 »	5.222	5.376	2.774	2.938	3.101	3.264	3.427	3.590
25 »	5.440	5.600	2.800	3.060	3.230	3.400	3.570	3.740

8*

LONGUEUR.	FACES OU CÔTÉS DES CARRÉS, en centimètres.							
	34 sur 46.	34 sur 48.	34 sur 50.	34 sur 52.	34 sur 54.	34 sur 56.	34 sur 58.	34 sur 60.
m. d.	m. d.	m. d.	m. d.	m. d.	m. d.	m. d.	m. d.	m. d.
2	31	33	34	35	37	38	39	41
4	63	65	68	71	73	76	79	82
6	94	98	102	106	110	114	118	122
8	125	131	136	141	147	152	158	163
1 »	156	163	170	177	184	190	197	204
2 »	313	326	340	354	367	381	394	408
3 »	469	490	510	530	551	571	592	612
4 »	626	653	680	707	734	762	789	816
5 »	782	816	850	884	918	952	986	1.020
6 »	938	979	1.020	1.061	1.102	1.142	1.183	1.224
7 »	1.095	1.142	1.190	1.238	1.285	1.333	1.380	1.428
8 »	1.251	1.306	1.360	1.414	1.469	1.523	1.578	1.632
9 »	1.408	1.469	1.530	1.591	1.652	1.714	1.775	1.836
10 »	1.564	1.632	1.700	1.768	1.836	1.904	1.972	2.040
11 »	1.720	1.795	1.870	1.945	2.020	2.094	2.169	2.244
12 »	1.877	1.958	2.040	2.122	2.203	2.285	2.366	2.448
13 »	2.033	2.122	2.210	2.298	2.387	2.475	2.564	2.652
14 »	2.190	2.285	2.380	2.475	2.570	2.666	2.761	2.856
15 »	2.346	2.448	2.550	2.652	2.754	2.856	2.958	3.060
16 »	2.502	2.611	2.720	2.829	2.938	3.046	3.155	3.264
17 »	2.659	2.774	2.890	3.006	3.121	3.237	3.352	3.468
18 »	2.815	2.938	3.060	3.182	3.305	3.427	3.550	3.672
19 »	2.972	3.101	3.230	3.359	3.488	3.618	3.747	3.876
20 »	3.128	3.264	3.400	3.536	3.672	3.808	3.944	4.080
21 »	3.284	3.427	3.570	3.713	3.856	3.998	4.141	4.284
22 »	3.441	3.590	3.740	3.890	4.039	4.189	4.338	4.488
23 »	3.597	3.754	3.910	4.066	4.223	4.379	4.536	4.692
24 »	3.754	3.917	4.080	4.243	4.406	4.570	4.733	4.896
25 »	3.910	4.080	4.250	4.420	4.590	4.760	4.930	5.100

LONGUEUR.	FACES OU CÔTÉS DES CARRÉS, en centimètres.							
	34 sur 62.	34 sur 64.	34 sur 66.	34 sur 68.	34 sur 70.	36 sur 36.	36 sur 38.	36 sur 40.
m. d.	m. d.	m. d.	m. d.	m. d.	m. d.	m. d.	m. d.	m. d.
2	42	44	45	46	48	26	27	29
4	84	87	90	92	95	52	55	58
6	126	131	135	139	143	78	82	86
8	169	174	180	185	190	104	109	115
1 »	211	218	224	231	238	130	137	144
2 »	422	435	449	462	476	259	274	288
3 »	632	653	673	694	714	389	410	432
4 »	843	870	898	925	952	518	547	576
5 »	1.054	1.088	1.122	1.156	1.190	648	684	720
6 »	1.265	1.306	1.346	1.387	1.428	778	821	864
7 »	1.476	1.523	1.571	1.618	1.666	907	958	1.008
8 »	1.686	1.741	1.795	1.850	1.904	1.037	1.094	1.152
9 »	1.897	1.958	2.020	2.081	2.142	1.166	1.231	1.296
10 »	2.108	2.176	2.244	2.312	2.380	1.296	1.368	1.440
11 »	2.319	2.394	2.468	2.543	2.618	1.426	1.505	1.584
12 »	2.530	2.611	2.693	2.774	2.856	1.555	1.642	1.728
13 »	2.740	2.829	2.917	3.006	3.094	1.685	1.778	1.872
14 »	2.951	3.046	3.142	3.237	3.332	1.814	1.915	2.016
15 »	3.162	3.264	3.366	3.468	3.570	1.944	2.052	2.160
16 »	3.373	3.482	3.590	3.699	3.808	2.074	2.189	2.304
17 »	3.584	3.699	3.815	3.930	4.046	2.203	2.326	2.448
18 »	3.794	3.917	4.039	4.162	4.284	2.333	2.462	2.592
19 »	4.005	4.134	4.264	4.393	4.522	2.462	2.599	2.736
20 »	4.216	4.352	4.488	4.624	4.760	2.592	2.736	2.880
21 »	4.427	4.570	4.712	4.855	4.998	2.722	2.873	3.024
22 »	4.638	4.787	4.937	5.086	5.236	2.851	3.010	3.168
23 »	4.848	5.005	5.161	5.348	5.474	2.981	3.146	3.312
24 »	5.059	5.222	5.386	5.549	5.712	3.110	3.283	3.456
25 »	5.270	5.440	5.610	5.780	5.950	3.240	3.420	3.600

PRODUITS CUBES

LONGUEUR.	FACES OU CÔTÉS DES CARRÉS, en centimètres.							
	36 sur 42.	36 sur 44.	36 sur 46.	36 sur 48.	36 sur 50.	36 sur 52.	36 sur 54.	36 sur 56.
m. d.	m. d.	m. d.	m. d.	m. d.	m. d.	m. d.	m. d.	m. d.
2	30	32	33	35	36	37	39	40
4	60	63	66	69	72	75	78	81
6	91	95	99	104	108	112	117	121
8	121	127	132	138	144	150	156	161
1 »	151	158	165	173	180	187	194	202
2 »	302	317	331	346	360	374	389	403
3 »	454	475	497	518	540	562	583	605
4 »	605	634	662	691	720	749	778	806
5 »	756	792	828	864	900	936	972	1.008
6 »	907	950	994	1.037	1.080	1.123	1.166	1.210
7 »	1.058	1.109	1.159	1.210	1.260	1.310	1.361	1.411
8 »	1.210	1.267	1.325	1.382	1.440	1.498	1.555	1.613
9 »	1.361	1.426	1.490	1.555	1.620	2.685	1.750	1.814
10 »	1.512	1.584	1.656	1.728	1.800	1.872	1.944	2.016
11 »	1.663	1.742	1.822	1.901	1.980	2.059	2.138	2.218
12 »	1.814	1.901	1.987	2.074	2.160	2.246	2.333	2.419
13 »	1.966	2.059	2.153	2.246	2.340	2.434	2.527	2.621
14 »	2.117	2.218	2.318	2.419	2.520	2.621	2.722	2.822
15 »	2.268	2.376	2.484	2.592	2.700	2.808	2.916	3.024
16 »	2.419	2.534	2.650	2.765	2.880	2.995	3.110	3.226
17 »	2.570	2.693	2.815	2.938	3.060	3.182	3.305	3.427
18 »	2.722	2.851	2.981	3.110	3.240	3.370	3.499	3.629
19 »	2.873	3.010	3.146	3.283	3.420	3.557	3.694	3.830
20 »	3.024	3.168	3.312	3.456	3.600	3.744	3.888	4.032
21 »	3.175	3.326	3.478	3.629	3.780	3.931	4.082	4.234
22 »	3.326	3.485	3.643	3.802	3.960	4.118	4.277	4.435
23 »	3.478	3.643	3.809	3.974	4.140	4.306	4.471	4.637
24 »	3.629	3.802	3.974	4.147	4.320	4.493	4.666	4.838
25 »	3.780	3.960	4.140	4.320	4.500	4.680	4.860	5.040

FACES OU CÔTÉS DES CARRÉS, en centimètres.

LONGUEUR.	36 sur 58.	36 sur 60.	36 sur 62.	36 sur 64.	36 sur 66.	36 sur 68.	36 sur 70.	38 sur 38.
m. d.	m. d.	m. d.	m. d.	m. d.	m. d.	m. d.	m. d.	m. d.
2	42	43	45	46	48	49	50	29
4	84	86	89	92	95	98	101	58
6	125	130	134	138	143	147	151	87
8	167	173	179	184	190	196	202	116
1 »	209	216	223	230	238	245	252	144
2 »	418	432	446	461	475	490	504	289
3 »	626	648	670	691	713	734	756	433
4 »	835	864	893	922	950	979	1.008	578
5 »	1.044	1.080	1.116	1.152	1.188	1.224	1.260	722
6 »	1.253	1.296	1.339	1.382	1.426	1.469	1.512	866
7 »	1.462	1.512	1.562	1.613	1.665	1.714	1.764	1.011
8 »	1.670	1.728	1.786	1.843	1.901	1.958	2.016	1.455
9 »	1.879	1.944	2.009	2.074	2.138	2.203	2.268	1.300
10 »	2.088	2.160	2.232	2.304	2.376	2.448	2.520	1.444
11 »	2.297	2.376	2.455	2.534	2.614	2.693	2.772	1.588
12 »	2.506	2.592	2.678	2.765	2.851	2.938	3.024	1.733
13 »	2.714	2.808	2.902	2.995	3.089	3.182	3.276	1.877
14 »	2.923	3.024	3.125	3.226	3.316	3.427	3.528	2.022
15 »	3.132	3.240	3.348	3.456	3.564	3.672	3.780	2.166
16 »	3.341	3.456	3.571	3.686	3.802	3.917	4.032	2.310
17 »	3.550	3.672	3.794	3.917	4.039	4.162	4.284	2.455
18 »	3.758	3.888	4.018	4.147	4.277	4.406	4.536	2.599
19 »	3.967	4.104	4.241	4.378	4.514	4.651	4.788	2.744
20 »	4.176	4.320	4.464	4.608	4.752	4.896	5.040	2.888
21 »	4.385	4.536	4.637	4.838	4.990	5.141	5.292	3.032
22 »	4.594	4.752	4.910	5.069	5.227	5.386	5.544	3.177
23 »	4.802	4.968	5.134	5.299	5.465	5.630	5.796	3.321
24 »	5.011	5.184	5.357	5.530	5.702	5.875	6.048	3.466
25 »	5.220	5.400	5.580	5.760	5.940	6.120	6.300	3.610

LONGUEUR.	FACES OU CÔTÉS DES CARRÉS, en centimètres.							
	38 sur 40.	38 sur 42.	38 sur 44.	38 sur 46.	38 sur 48.	38 sur 50.	38 sur 52.	38 sur 54.
m. d.	m. d.	m. d.	m. d.	m. d.	m. d.	m. d.	m. d.	m. d.
2	30	32	33	35	36	38	40	41
4	61	64	67	70	73	76	79	82
6	91	96	100	105	109	114	119	123
8	122	128	134	140	146	152	158	164
1 »	152	160	167	175	182	190	198	205
2 »	304	319	334	350	365	380	395	440
3 »	456	479	502	524	547	570	593	616
4 »	608	638	669	699	730	760	790	821
5 »	760	798	836	874	912	950	988	1.026
6 »	912	958	1.003	1.049	1.084	1.140	1.186	1.231
7 »	1.064	1.117	1.170	1.224	1.277	1.330	1.383	1.436
8 »	1.216	1.277	1.338	1.398	1.459	1.520	1.581	1.642
9 »	1.368	1.436	1.505	1.573	1.642	1.710	1.778	1.847
10 »	1.520	1.596	1.672	1.748	1.824	1.900	1.976	2.052
11 »	1.672	1.756	1.839	1.923	2.006	2.090	2.174	2.257
12 »	1.824	1.915	2.006	2.098	2.189	2.280	2.371	2.462
13 »	1.976	2.075	2.174	2.272	2.371	2.470	2.569	2.668
14 »	2.128	2.234	2.341	2.447	2.554	2.660	2.766	2.873
15 »	2.280	2.394	2.508	2.622	2.736	2.850	2.964	3.078
16 »	2.432	2.554	2.675	2.797	2.918	3.040	3.162	3.283
17 »	2.584	2.713	2.842	2.972	3.101	3.230	3.359	3.488
18 »	2.736	2.873	3.010	3.146	3.283	3.420	3.557	3.694
19 »	2.888	3.032	3.177	3.321	3.466	3.610	3.754	3.899
20 »	3.040	3.192	3.344	3.496	3.648	3.800	3.952	4.104
21 »	3.192	3.352	3.511	3.671	3.830	3.990	4.150	4.309
22 »	3.344	3.511	3.678	3.846	4.013	4.180	4.347	4.514
23 »	3.496	3.671	3.846	4.020	4.195	4.370	4.545	4.710
24 »	3.648	3.830	4.013	4.195	4.378	4.560	4.742	4.925
25 »	3.800	3.990	4.180	4.370	4.560	4.750	4.940	5.130

LONGUEUR.	FACES OU CÔTÉS DES CARRÉS, en centimètres.							
	38 sur 56.	38 sur 58.	38 sur 60.	38 sur 62.	38 sur 64.	38 sur 66.	38 sur 68.	38 sur 70.
m. d.	m. d.	m. d.	m. d.	m. d.	m. d.	m. d.	m. d.	m. d.
2	43	44	46	47	49	50	52	53
4	85	88	91	94	97	100	103	106
6	128	132	137	141	146	150	155	160
8	170	176	182	188	195	201	207	213
1 »	213	220	228	236	243	251	258	266
2 »	426	441	456	471	486	502	517	532
3 »	638	664	684	707	730	752	775	798
4 »	851	882	912	942	973	1.003	1.034	1.064
5 »	1.064	1.102	1.140	1.178	1.216	1.254	1.292	1.330
6 »	1.277	1.322	1.368	1.414	1.459	1.505	1.550	1.596
7 »	1.490	1.543	1.596	1.649	1.702	1.756	1.809	1.862
8 »	1.702	1.763	1.824	1.885	1.946	2.006	2.067	2.128
9 »	1.915	1.984	2.052	2.120	2.189	2.257	2.326	2.394
10 »	2.128	2.204	2.280	2.356	2.432	2.508	2.584	2.660
11 »	2.344	2.424	2.508	2.592	2.675	2.759	2.842	2.926
12 »	2.554	2.645	2.736	2.827	2.948	3.040	3.101	3.192
13 »	2.766	2.865	2.964	3.063	3.162	3.260	3.359	3.458
14 »	2.979	3.086	3.192	3.298	3.405	3.511	3.618	3.724
15 »	3.192	3.306	3.420	3.534	3.648	3.762	3.876	3.990
16 »	3.405	3.526	3.648	3.770	3.891	4.013	4.134	4.256
17 »	3.618	3.747	3.876	4.005	4.134	4.264	4.393	4.522
18 »	3.830	3.967	4.104	4.241	4.378	4.514	4.651	4.788
19 »	4.043	4.188	4.332	4.476	4.624	4.765	4.910	5.054
20 »	4.256	4.408	4.560	4.712	4.864	5.016	5.168	5.320
21 »	4.460	4.628	4.788	4.948	5.107	5.267	5.426	5.586
22 »	4.682	4.849	5.016	5.183	5.350	5.518	5.685	5.852
23 »	4.894	5.069	5.244	5.419	5.594	5.768	5.943	6.118
24 »	5.107	5.290	5.472	5.654	5.837	6.019	6.202	6.384
25 »	5.320	5.510	5.700	5.890	6.080	6.270	6.460	6.650

LONGUEUR.	FACES OU CÔTÉS DES CARRÉS, en centimètres.							
	40 sur 40.	40 sur 42.	40 sur 44.	40 sur 46.	40 sur 48.	40 sur 50.	40 sur 52.	40 sur 54.
m. d.	m. d.	m. d.	m. d.	m. d.	m. d.	m. d.	m. d.	m. d.
2	32	34	35	37	38	40	42	43
4	64	67	70	74	77	80	83	86
6	96	101	106	110	115	120	125	130
8	128	134	141	147	154	160	166	173
1 »	160	168	176	184	192	200	208	216
2 »	320	336	352	368	384	400	416	432
3 »	480	504	528	552	576	600	624	648
4 »	640	672	704	736	768	800	832	864
5 »	800	840	880	920	960	1. »	1.040	1.080
6 »	960	1.008	1.056	1.104	1.152	1.200	1.248	1.296
7 »	1.120	1.176	1.232	1.288	1.344	1.400	1.456	1.512
8 »	1.280	1.344	1.408	1.472	1.536	1.600	1.664	1.728
9 »	1.440	1.512	1.584	1.656	1.728	1.800	1.872	1.944
10 »	1.600	1.680	1.760	1.840	1.920	2. »	2.080	2.162
11 »	1.760	1.848	1.936	2.024	2.112	2.200	2.288	2.376
12 »	1.920	2.016	2.112	2.208	2.304	2.400	2.496	2.592
13 »	2.080	2.184	2.288	2.392	2.496	2.600	2.704	2.808
14 »	2.240	2.352	2.464	2.576	2.688	2.800	2.912	3.024
15 »	2.400	2.520	2.640	2.760	2.880	3. »	3.120	3.240
16 »	2.560	2.688	2.816	2.944	3.072	3.200	3.348	3.256
17 »	2.720	2.866	2.992	3.128	3.264	3.400	3.536	3.672
18 »	2.880	3.024	3.168	3.312	3.456	3.600	3.744	3.888
19 »	3.040	3.192	3.344	3.496	3.648	3.800	3.952	4.104
20 »	3.200	3.360	3.520	3.680	3.840	4. »	4.160	4.320
21 »	3.360	3.528	3.696	3.864	4.032	4.200	4.368	4.536
22 »	3.520	3.696	3.872	4.048	4.224	4.400	4.576	4.752
23 »	3.680	3.864	4.048	4.232	4.416	4.600	4.784	4.968
24 »	3.840	4.032	4.224	4.416	4.608	4.800	4.992	5.184
25 »	4. »	4.200	4.400	4.600	4.800	5. »	5.200	5.400

LONGUEUR.	FACES OU CÔTÉS DES CARRÉS, en centimètres.							
	40 sur 56.	40 sur 58.	40 sur 60.	40 sur 62.	40 sur 64.	40 sur 66.	40 sur 68.	40 sur 70.
m. d.	m. d.	m. d.	m. d.	m. d.	m. d.	m. d.	m. d.	m. d.
2	45	46	48	50	51	53	54	56
4	90	93	96	99	102	106	109	112
6	134	139	144	149	154	158	163	168
8	179	186	192	198	205	211	218	224
1 »	224	232	240	248	256	264	272	280
2 »	448	464	480	496	512	528	544	560
3 »	672	696	720	744	768	792	816	840
4 »	896	928	960	992	1.024	1.056	1.088	1.120
5 »	1.120	1.160	1.200	1.240	1.280	1.320	1.360	1.400
6 »	1.344	1.392	1.440	1.488	1.536	1.584	1.632	1.680
7 »	1.568	1.624	1.680	1.736	1.792	1.848	1.904	1.960
8 »	1.792	1.856	1.920	1.984	2.048	2.112	2.176	2.240
9 »	2.016	2.088	2.160	2.232	2.304	2.376	2.448	2.520
10 »	2.240	2.320	2.400	2.480	2.560	2.640	2.720	2.800
11 »	2.464	2.552	2.640	2.728	2.816	2.904	2.992	3.080
12 »	2.688	2.784	2.880	2.976	3.072	3.168	3.264	3.360
13 »	2.912	3.016	3.120	3.224	3.328	3.432	3.536	3.640
14 »	3.136	3.248	3.360	3.472	3.584	3.696	3.808	3.920
15 »	3.360	3.480	3.600	3.720	3.840	3.960	4.080	4.200
16 »	3.584	3.712	3.840	3.968	4.096	4.224	4.352	4.480
17 »	3.808	3.944	4.080	4.216	4.352	4.488	4.624	4.760
18 »	4.032	4.176	4.320	4.464	4.608	4.752	4.896	5.040
19 »	4.256	4.408	4.560	4.712	4.864	5.016	5.168	5.320
20 »	4.480	4.640	4.800	4.960	5.120	5.280	5.440	5.600
21 »	4.704	4.872	5.040	5.208	5.376	5.544	5.712	5.880
22 »	4.928	5.104	5.280	5.456	5.632	5.808	5.984	6.160
23 »	5.152	5.336	5.520	5.704	5.888	6.072	6.256	6.440
24 »	5.376	5.568	5.760	5.952	6.144	6.336	6.528	6.720
25 »	5.600	5.800	6. »	6.200	6.400	6.600	6.800	7. »

LONGUEUR.	FACES OU CÔTÉS DES CARRÉS, en centimètres.							
	42 sur 42.	42 sur 44.	42 sur 46.	42 sur 48.	42 sur 50.	42 sur 52.	42 sur 54.	42 sur 56.
m. d.	m. d.	m. d.	m. d.	m. d.	m. d.	m. d.	m. d.	m. d.
2	35	37	39	40	42	44	45	47
4	71	74	77	81	84	87	90	94
6	106	111	116	121	126	131	136	141
8	141	148	155	161	168	175	181	188
1 »	176	185	193	202	210	218	227	235
2 »	353	370	386	403	420	437	454	470
3 »	529	554	580	605	630	655	680	706
4 »	706	739	773	806	840	874	907	941
5 »	882	924	966	1.008	1.050	1.092	1.134	1.176
6 »	1.058	1.109	1.159	1.210	1.260	1.310	1.361	1.411
7 »	1.235	1.294	1.352	1.411	1.470	1.529	1.588	1.646
8 »	1.411	1.478	1.546	1.613	1.680	1.747	1.814	1.882
9 »	1.588	1.663	1.739	1.814	1.890	1.966	2.041	2.117
10 »	1.764	1.848	1.922	2.016	2.100	2.184	2.268	2.352
11 »	1.940	2.033	2.125	2.218	2.310	2.402	2.495	2.587
12 »	2.117	2.218	2.318	2.419	2.520	2.621	2.722	2.822
13 »	2.293	2.402	2.512	2.621	2.730	2.839	2.948	3.058
14 »	2.470	2.587	2.705	2.822	2.940	3.058	3.175	3.293
15 »	2.646	2.772	2.898	3.024	3.150	3.276	3.402	3.528
16 »	2.822	2.957	3.091	3.226	3.360	3.494	3.629	3.763
17 »	2.999	3.142	3.284	3.427	3.570	3.713	3.856	3.998
18 »	3.175	3.326	3.478	3.629	3.780	3.931	4.082	4.234
19 »	3.352	3.511	3.671	3.830	3.990	4.150	4.309	4.469
20 »	3.528	3.696	3.864	4.032	4.200	4.368	4.536	4.704
21 »	3.704	3.881	4.067	4.234	4.410	4.586	4.763	4.939
22 »	3.881	4.066	4.250	4.435	4.620	4.805	4.990	5.174
23 »	4.057	4.250	4.444	4.637	4.830	5.023	5.216	5.410
24 »	4.234	4.435	4.637	4.838	5.040	5.242	5.443	5.645
25 »	4.410	4.620	4.830	5.040	5.250	5.460	5.670	5.880

LONGUEUR.	FACES OU CÔTÉS DES CARRÉS, en centimètres.							
	42 sur 58.	42 sur 60.	42 sur 62.	42 sur 64.	42 sur 66.	42 sur 68.	42 sur 70.	44 sur 44.
m. d.	m. d.	m. d.	m. d.	m. d.	m. d.	m. d.	m. d.	m. d.
2	49	50	52	54	55	57	59	39
4	97	101	104	108	111	114	118	77
6	146	151	156	161	166	171	176	116
8	195	202	208	215	222	228	235	155
1 »	244	252	260	269	277	286	294	194
2 »	487	504	521	538	554	571	588	387
3 »	731	756	781	806	832	857	882	581
4 »	974	1.008	1.042	1.075	1.109	1.142	1.176	774
5 »	1.218	1.260	1.302	1.344	1.386	1.428	1.470	968
6 »	1.462	1.512	1.562	1.613	1.663	1.714	1.764	1.162
7 »	1.705	1.764	1.823	1.882	1.940	1.999	2.058	1.355
8 »	1.949	2.016	2.083	2.150	2.218	2.285	2.352	1.549
9 »	2.192	2.268	2.344	2.419	2.495	2.570	2.646	1.742
10 »	2.436	2.520	2.604	2.688	2.772	2.856	2.940	1.936
11 »	2.680	2.772	2.864	2.957	3.049	3.142	3.234	2.130
12 »	2.923	3.024	3.125	3.226	3.326	3.427	3.528	2.323
13 »	3.167	3.276	3.385	3.494	3.604	3.713	3.822	2.517
14 »	3.410	3.528	3.645	3.763	3.881	3.998	4.116	2.710
15 »	3.654	3.780	3.906	4.032	4.158	4.284	4.410	2.904
16 »	3.898	4.032	4.166	4.301	4.435	4.570	4.704	3.098
17 »	4.141	4.284	4.427	4.570	4.712	4.855	4.998	3.291
18 »	4.385	4.536	4.687	4.838	4.980	5.144	5.292	3.485
19 »	4.628	4.788	4.948	5.107	5.267	5.426	5.586	3.678
20 »	4.872	5.040	5.208	5.376	5.554	5.712	5.880	3.872
21 »	5.116	5.292	5.468	5.645	5.821	5.998	6.174	4.066
22 »	5.359	5.544	5.729	5.914	6.098	6.283	6.468	4.259
23 »	5.603	5.796	5.989	6.182	6.376	6.569	6.762	4.453
24 »	5.846	6.048	6.250	6.451	6.653	6.854	7.056	4.646
25 »	6.090	6.300	6.510	6.720	6.930	7.140	7.350	4.840

LONGUEUR.	FACES OU CÔTÉS DES CARRÉS, en centimètres.							
	44 sur 46.	44 sur 48.	44 sur 50.	44 sur 52.	44 sur 54.	44 sur 56.	44 sur 58.	44 sur 60.
n. d.	m. d.	m. d.	m. d.	m. d.	m. d.	m. d.	m. d.	m. d.
2	40	42	44	46	48	49	52	53
4	81	84	88	92	95	99	102	106
6	121	127	132	137	143	148	153	158
8	162	169	178	183	190	197	204	211
1 »	202	211	220	229	238	246	255	264
2 »	405	422	440	458	475	493	510	528
3 »	607	634	660	686	713	739	766	792
4 »	810	845	880	915	950	985	1.024	1.056
5 »	1.012	1.056	1.100	1.144	1.188	1.232	1.276	1.320
6 »	1.214	1.267	1.320	1.373	1.426	1.478	1.531	1.584
7 »	1.417	1.478	1.540	1.602	1.663	1.725	1.786	1.848
8 »	1.619	1.690	1.760	1.830	1.901	1.971	2.042	2.112
9 »	1.822	1.901	1.980	2.059	2.138	2.218	2.297	2.376
10 »	2.024	2.112	2.200	2.288	2.376	2.464	2.552	2.640
11 »	2.226	2.323	2.420	2.517	2.614	2.710	2.807	2.904
12 »	2.429	2.534	2.640	2.746	2.851	2.957	3.062	3.168
13 »	2.631	2.746	2.860	2.974	3.089	3.203	3.318	3.432
14 »	2.834	2.957	3.080	3.203	3.326	3.450	3.573	3.696
15 »	3.036	3.168	3.300	3.432	3.564	3.696	3.828	3.960
16 »	3.238	3.379	3.520	3.661	3.802	3.942	4.083	4.224
17 »	3.441	3.590	3.740	3.890	4.039	4.189	4.338	4.488
18 »	3.643	3.802	3.960	4.118	4.277	4.435	4.594	4.752
19 »	3.846	4.013	4.180	4.347	4.514	4.682	4.849	5.016
20 »	4.048	4.224	4.400	4.576	4.752	4.928	5.104	5.280
21 »	4.250	4.435	4.620	4.805	4.990	5.174	5.359	5.544
22 »	4.453	4.646	4.840	5.034	5.227	5.421	5.614	5.808
23 »	4.655	4.858	5.060	5.262	5.465	5.667	5.870	6.072
24 »	4.858	5.069	5.280	5.491	5.702	5.914	6.125	6.336
25 »	5.060	5.280	5.500	5.720	5.940	6.160	6.380	6.600

LONGUEUR.	FACES OU CÔTÉS DES CARRÉS, en centimètres.							
	44 sur 62.	44 sur 64.	44 sur 66.	44 sur 68.	44 sur 70.	46 sur 46.	46 sur 48.	46 sur 50
m. d.	m. d.	m. d.	m. d.	m. d.	m. d.	m. d.	m. d.	m. d.
2	55	56	58	60	62	42	44	46
4	109	113	116	120	123	85	88	92
6	164	169	174	180	185	127	132	138
8	218	225	132	239	246	169	177	188
1 »	273	282	290	299	308	212	224	230
2 »	546	563	581	598	616	423	442	460
3 »	818	845	871	898	924	635	662	690
4 »	1.091	1.126	1.162	1.197	1.232	846	883	920
5 »	1.364	1.408	1.452	1.496	1.540	1.058	1.104	1.150
6 »	1.637	1.690	1.742	1.795	1.848	1.270	1.325	1.380
7 »	1.903	1.971	2.033	2.094	2.156	1.481	1.546	1.610
8 »	2.182	2.253	2.323	2.394	2.464	1.693	1.766	1.840
9 »	2.455	2.534	2.614	2.693	2.772	1.904	1.987	2.070
10 »	2.728	2.816	2.904	2.992	3.080	2.116	2.208	2.300
11 »	3.001	3.098	3.194	3.291	3.388	2.328	2.429	2.530
12 »	3.274	3.379	3.485	3.590	3.696	2.539	2.650	2.760
13 »	3.546	3.661	3.775	3.890	4.004	2.751	2.870	2.990
14 »	3.819	3.942	4.066	4.189	4.312	2.962	3.091	3.220
15 »	4.092	4.224	4.356	4.488	4.620	3.174	3.312	3.450
16 »	4.365	4.506	4.646	4.787	4.928	3.386	3.533	3.680
17 »	4.638	4.787	4.937	5.036	5.236	3.597	3.754	3.910
18 »	5.910	5.039	5.227	5.386	5.544	3.809	3.974	4.140
19 »	5.183	5.350	5.518	5.685	5.852	4.020	4.195	4.370
20 »	5.456	5.632	5.808	5.984	6.160	4.232	4.416	4.600
21 »	5.729	5.914	6.098	6.283	6.468	4.444	4.637	4.830
22 »	6.002	6.195	6.389	6.582	6.776	4.655	4.858	5.060
23 »	6.274	6.477	6.679	6.882	7.084	4.867	5.078	5.290
24 »	6.547	6.758	6.970	7.181	7.392	5.078	5.299	5.520
25 »	6.820	7.040	7.260	7.480	7.700	5.290	5.520	5.750

LONGUEUR.	FACES OU CÔTÉS DES CARRÉS, en centimètres.							
	46 sur 52.	46 sur 54.	46 sur 56.	46 sur 58.	46 sur 60.	46 sur 62.	46 sur 64.	46 sur 66.
m. d.	m. d.	m. d.	m. d.	m. d.	m. d.	m. d.	m. d.	m. d.
2	48	50	52	53	55	57	59	61
4	96	99	103	107	110	114	118	121
6	144	149	155	160	166	171	177	182
8	191	199	206	213	221	228	236	243
1 »	239	248	258	267	276	285	294	303
2 »	478	497	515	534	552	570	589	607
3 »	718	745	773	800	828	856	883	911
4 »	957	994	1.030	1.067	1.104	1.141	1.178	1.214
5 »	1.196	1.242	1.288	1.334	1.380	1.426	1.472	1.518
6 »	1.435	1.490	1.546	1.601	1.656	1.711	1.766	1.822
7 »	1.674	1.739	1.803	1.868	1.932	1.996	2.061	2.125
8 »	1.914	1.987	2.061	2.134	2.208	2.282	2.355	2.429
9 »	2.153	2.236	2.318	2.401	2.484	2.567	2.650	2.732
10 »	2.392	2.484	2.576	2.668	2.760	2.852	2.944	3.036
11 »	2.631	2.732	2.834	2.935	3.036	3.137	3.238	3.340
12 »	2.870	2.984	3.091	3.202	3.312	3.422	3.533	3.643
13 »	3.110	3.229	3.349	3.468	3.588	3.708	3.827	3.947
14 »	3.349	3.478	3.606	3.735	3.864	3.993	4.122	4.250
15 »	3.588	3.726	3.864	4.022	4.140	4.278	4.416	4.554
16 »	3.827	3.974	4.122	4.269	4.416	4.563	4.710	4.858
17 »	4.066	4.223	4.379	4.536	4.602	4.848	5.005	5.161
18 »	4.306	4.471	4.637	4.802	4.968	5.134	5.299	5.465
19 »	4.545	4.720	4.804	5.069	5.244	5.419	5.594	5.768
20 »	4.784	4.968	5.152	5.336	5.520	5.704	5.888	6.072
21 »	5.023	5.216	5.410	5.603	5.796	5.989	6.182	6.376
22 »	5.262	5.465	5.667	5.870	6.072	6.274	6.477	6.679
23 »	5.502	5.713	5.925	6.137	6.348	6.560	6.771	6.983
24 »	5.741	5.902	6.182	6.403	6.624	6.845	7.066	7.286
25 »	5.980	6.210	6.440	6.670	6.900	7.130	7.360	7.590

LONGUEUR.	FACES OU CÔTÉS DES CARRÉS, en centimètres.							
	46 sur 68.	46 sur 70.	48 sur 48.	48 sur 50.	48 sur 52.	48 sur 54.	48 sur 56.	48 sur 58.
m. d.	m. d.	m. d.	m. d.	m. d.	m. d.	m. d.	m. d.	m. d.
2	63	64	46	48	50	52	54	56
4	125	129	92	96	100	104	108	111
6	188	193	138	144	150	156	161	167
8	250	258	184	192	200	207	215	223
1 »	313	322	230	240	250	259	269	278
2 »	626	644	461	480	499	518	538	557
3 »	938	966	691	720	749	778	806	835
4 »	1.251	1.288	922	960	998	1.037	1.075	1.114
5 »	1.564	1.610	1.152	1.200	1.248	1.296	1.344	1.392
6 »	1.877	1.932	1.382	1.440	1.498	1.555	1.613	1.670
7 »	2.190	2.254	1.613	1.680	1.747	1.814	1.882	1.949
8 »	2.502	2.576	1.843	1.920	1.997	2.074	2.140	2.227
9 »	2.815	2.898	2.074	2.160	2.246	2.333	2.419	2.506
10 »	3.128	3.220	2.304	2.400	2.496	2.592	2.688	2.784
11 »	3.441	3.542	2.534	2.640	2.746	2.851	2.957	3.062
12 »	3.754	3.864	2.765	2.880	2.995	3.110	3.226	3.341
13 »	4.066	4.186	2.995	3.120	3.245	3.370	3.494	3.619
14 »	4.379	4.508	3.226	3.360	3.494	3.629	3.763	3.808
15 »	4.692	4.830	3.456	3.600	3.744	3.888	4.032	4.176
16 »	5.005	5.152	3.686	3.840	3.994	4.147	4.301	4.454
17 »	5.318	5.474	3.917	4.080	4.243	4.406	4.570	4.733
18 »	5.620	5.796	4.147	4.320	4.493	4.666	4.838	5.011
19 »	5.943	6.118	4.378	4.560	4.742	4.925	5.107	5.290
20 »	6.256	6.440	4.608	4.800	4.992	5.184	5.376	5.568
21 »	6.569	6.762	4.838	5.040	5.242	5.443	5.645	5.846
22 »	6.882	7.084	5.069	5.280	5.491	5.702	5.914	6.125
23 »	7.194	7.406	5.299	5.520	5.741	5.962	6.182	6.403
24 »	7.507	7.728	5.530	5.760	5.990	6.221	6.451	6.682
25 »	7.820	8.050	5.760	6. »	6.240	6.480	6.720	6.960

LONGUEUR.	FACES OU CÔTÉS DES CARRÉS, en centimètres.							
	48 sur 60.	48 sur 62.	48 sur 64.	48 sur 66.	48 sur 68.	48 sur 70.	50 sur 50.	50 sur 52.
	m. d.	m. d.	m. d.	m. d.	m. d.	m. d.	m. d.	m. d.
2	58	60	61	63	65	67	50	52
4	115	119	123	127	131	134	100	104
6	173	179	184	190	196	202	150	156
8	230	238	246	253	261	269	200	208
1 »	288	298	307	317	326	336	250	260
2 »	576	595	614	634	653	672	500	520
3 »	864	893	922	950	979	1.008	750	780
4 »	1.152	1.190	1.229	1.267	1.306	1.344	1. »	1.040
5 »	1.440	1.488	1.536	1.584	1.632	1.680	1.250	1.300
6 »	1.728	1.786	1.843	1.901	1.958	2.016	1.500	1.560
7 »	2.016	2.083	2.150	2.218	2.285	2.352	1.750	1.820
8 »	2.304	2.381	2.458	2.534	2.611	2.688	2. »	2.080
9 »	2.592	2.678	2.765	2.851	2.938	3.024	2.250	2.340
10 »	2.880	2.976	3.072	3.168	3.264	3.360	2.500	2.600
11 »	3.168	3.274	3.379	3.485	3.590	3.696	2.750	2.860
12 »	3.456	3.571	3.686	3.802	3.917	4.032	3. »	3.420
13 »	3.744	3.869	3.994	4.118	4.243	4.368	3.250	3.380
14 »	4.032	4.166	4.301	4.435	4.570	4.704	3.500	3.640
15 »	4.320	4.464	4.608	4.752	4.896	5.040	3.750	3.900
16 »	4.608	4.762	4.915	5.069	5.222	5.376	4. »	4.160
17 »	4.896	5.059	5.222	5.386	5.549	5.712	4.250	4.420
18 »	5.184	5.357	5.530	5.702	5.875	6.048	4.500	4.680
19 »	5.472	5.654	5.837	6.019	6.202	6.384	4.750	4.940
20 »	5.760	5.952	6.144	6.336	6.528	6.720	5. »	5.200
21 »	6.048	6.250	6.451	6.653	6.854	7.056	5.250	5.460
22 »	6.336	6.547	6.758	6.970	7.181	7.392	5.500	5.720
23 »	6.624	6.845	7.066	7.286	7.507	7.728	5.750	5.980
24 »	6.912	7.142	7.373	7.603	7.834	8.064	6. »	6.240
25 »	7.200	7.440	7.680	7.920	8.160	8.400	6.250	6.500

LONGUEUR.	FACES OU CÔTÉS DES CARRÉS, en centimètres.							
	50 sur 54.	50 sur 56.	50 sur 58.	50 sur 60.	50 sur 62.	50 sur 64.	50 sur 66.	50 sur 68.
m. d.	m. d.	m. d.	m d.	m. d.	m. d.	m. d.	m. d.	m. d.
2	54	56	58	60	62	64	66	68
4	108	112	116	120	124	128	132	136
6	162	168	174	180	186	192	198	204
8	216	224	232	240	248	256	264	272
1 »	270	280	290	300	310	320	330	340
2 »	540	560	580	600	620	640	660	680
3 »	810	840	870	900	930	960	990	1.020
4 »	1.080	1.120	1.160	1.200	1.240	1.280	1.320	1.360
5 »	1.350	1.400	1.450	1.500	1.550	1.600	1.650	1.700
6 »	1.620	1.680	1.740	1.800	1.860	1.920	1.980	2.040
7 »	1.890	1.960	2.030	2.100	2.170	2.240	2.310	2.380
8 »	2.160	2.240	2.320	2.400	2.480	2.560	2.640	2.720
9 »	2.430	2.520	2.610	2.700	2.790	2.880	2.970	3.060
10 »	2.700	2.800	2.900	3. »	3.100	3.200	3.300	3.400
11 »	2.970	3.080	3.190	3.300	3.410	3.520	3.630	3.740
12 »	3.240	3.360	3.480	3.600	3.720	3.840	3.960	4.080
13 »	3.510	3.640	3.770	3.900	4.030	4.160	4.290	4.420
14 »	3.780	3.920	4.060	4.200	4.340	4.480	4.620	4.760
15 »	4.050	4.200	4.350	4.500	4.650	4.800	4.950	5.100
16 »	4.320	4.480	4.640	4.800	4.960	5.120	5.280	5.440
17 »	4.590	4.760	4.930	5.100	5.270	5.440	5.610	5.780
18 »	4.860	5.040	5.220	5.400	5.580	5.760	5.940	6.120
19 »	5.130	5.320	5.510	5.700	5.890	6.080	6.270	6.460
20 »	5.400	5.600	5.800	6. »	6.200	6.400	6.600	6.800
21 »	5.670	5.880	6.090	6.300	6.510	6.720	6.930	7.140
22 »	5.940	6.160	6.380	6.600	6.820	7.040	7.260	7.480
23 »	6.210	6.440	6.670	6.900	7.130	7.360	7.590	7.820
24 »	6.480	6.720	6.960	7.200	7.440	7.680	7.920	8.160
25 »	6.750	7. »	7.250	7.500	7.750	8. »	8.250	8.500

LONGUEUR.	FACES OU CÔTÉS DES CARRÉS, en centimètres.							
	50 sur 70.	52 sur 52.	52 sur 54.	52 sur 56.	52 sur 58.	52 sur 60.	52 sur 62.	52 sur 64.
	m. d.	m. d.	m. d.	m. d.	m. d.	m. d.	m. d.	m. d.
2	70	54	56	58	60	62	64	67
4	140	108	112	116	121	125	129	133
6	210	162	168	175	181	187	193	200
8	280	216	225	233	241	250	258	266
1 »	350	270	281	291	302	312	322	333
2 »	700	541	562	582	603	624	645	666
3 »	1.050	811	842	874	905	936	967	998
4 »	1.400	1.082	1.123	1.165	1.206	1.248	1.290	1.331
5 »	1.750	1.352	1.404	1.456	1.508	1.560	1.612	1.664
6 »	2.100	1.622	1.685	1.747	1.810	1.872	1.934	1.997
7 »	2.450	1.893	1.966	2.038	2.111	2.184	2.257	2.330
8 »	2.800	2.163	2.246	2.330	2.413	2.496	2.579	2.662
9 »	3.150	2.434	2.527	2.621	2.714	2.808	2.902	2.995
10 »	3.500	2.704	2.808	2.912	3.016	3.120	3.224	3.328
11 »	3.850	2.974	3.089	3.203	3.318	3.432	3.546	3.661
12 »	4.200	3.245	3.370	3.494	3.619	3.744	3.869	3.994
13 »	4.550	3.515	3.650	3.786	3.921	4.056	4.191	4.326
14 »	4.900	3.786	3.931	4.077	4.222	4.368	4.514	4.659
15 »	5.250	4.056	4.212	4.368	4.524	4.680	4.836	4.992
16 »	5.600	4.326	4.493	4.659	4.826	4.992	5.158	5.325
17 »	5.950	4.597	4.774	4.950	5.127	5.304	5.481	5.658
18 »	6.300	4.867	5.054	5.242	5.429	5.616	5.803	5.990
19 »	6.650	5.138	5.335	5.533	5.730	5.928	6.126	6.323
20 »	7. »	5.408	5.616	5.824	6.032	6.240	6.448	6.656
21 »	7.350	5.678	5.897	6.115	6.334	6.552	6.770	6.989
22 »	7.700	5.949	6.178	6.406	6.635	6.864	7.093	7.322
23 »	8.050	6.219	6.458	6.698	6.937	7.176	7.415	7.654
24 »	8.400	6.490	6.739	6.989	7.238	7.488	7.738	7.987
25 »	8.750	6.760	7.020	7.280	7.540	7.800	8.060	8.320

LONGUEUR.	FACES OU CÔTÉS DES CARRÉS, en centimètres.							
	52 sur 66.	52 sur 68.	52 sur 70.	54 sur 54.	54 sur 56.	54 sur 58.	54 sur 60.	54 sur 62.
m. d.	m. d.	m. d.	m. d.	m. d.	m. d.	m. d.	m. d.	m. d.
2	69	71	73	58	60	63	65	67
4	137	141	146	117	121	125	130	134
6	206	212	218	175	181	188	194	201
8	275	283	291	233	242	251	259	268
1 »	343	354	364	292	302	313	324	335
2 »	686	707	728	583	605	626	648	670
3 »	1.030	1.061	1.092	875	907	940	972	1.004
4 »	1.373	1.414	1.456	1.166	1.210	1.253	1.296	1.339
5 »	1.716	1.768	1.820	1.458	1.512	1.566	1.620	1.674
6 »	2.059	2.122	2.184	1.750	1.814	1.879	1.944	2.009
7 »	2.402	2.475	2.548	2.041	2.117	2.192	2.268	2.344
8 »	2.746	2.829	2.912	2.333	2.419	2.506	2.592	2.678
9 »	3.089	3.182	3.276	2.624	2.722	2.819	2.916	3.013
10 »	3.432	3.536	3.640	2.916	3.024	3.132	3.240	3.348
11 »	3.775	3.890	4.004	3.208	3.326	3.445	3.564	3.683
12 »	4.118	4.243	4.368	3.499	3.629	3.758	3.888	4.018
13 »	4.462	4.597	4.732	3.791	3.931	4.072	4.212	4.352
14 »	4.805	4.950	5.096	4.082	4.234	4.385	4.536	4.687
15 »	5.148	5.304	5.460	4.374	4.536	4.698	4.860	5.022
16 »	5.494	5.658	5.824	4.666	4.838	5.011	5.184	5.357
17 »	5.834	6.011	6.188	4.957	5.141	5.324	5.508	5.692
18 »	6.178	6.365	6.552	5.249	5.443	5.638	5.832	6.026
19 »	6.521	6.718	6.916	5.540	5.746	5.951	6.156	6.361
20 »	6.864	7.072	7.280	5.832	6.048	6.264	6.480	6.696
21 »	7.207	7.426	7.644	6.124	6.350	6.577	6.804	7.034
22 »	7.550	7.779	8.008	6.415	6.653	6.890	7.128	7.366
23 »	7.894	8.133	8.372	6.707	6.955	7.204	7.452	7.700
24 »	8.237	8.486	8.736	6.998	7.258	7.517	7.776	8.037
25 »	8.580	8.840	9.100	7.290	7.560	7.830	8.400	8.376

LONGUEUR.	FACES OU CÔTÉS DES CARRÉS, en centimètres.							
	54 sur 64.	54 sur 66.	54 sur 68.	54 sur 70.	56 sur 56.	56 sur 58.	56 sur 60.	56 sur 62
m. d.	m. d.	m. d.	m. d.	m. d.	m. d.	m. d.	m. d.	m. d.
2	69	71	73	76	63	65	67	69
4	138	143	147	151	125	130	134	139
6	207	214	220	222	188	195	202	208
8	276	285	294	302	251	260	269	278
1 »	346	356	367	378	314	325	336	347
2 »	691	713	734	756	627	650	672	694
3 »	1.037	1.069	1.102	1.134	941	974	1.008	1.042
4 »	1.382	1.426	1.469	1.512	1.254	1.299	1.344	1.389
5 »	1.728	1.782	1.836	1.890	1.568	1.624	1.680	1.736
6 »	2.074	2.138	2.203	2.268	1.882	1.949	2.016	2.083
7 »	2.419	2.495	2.570	2.646	2.195	2.274	2.352	2.430
8 »	2.765	2.851	2.938	3.024	2.509	2.598	2.688	2.778
9 »	3.110	3.208	3.305	3.402	2.822	2.923	3.024	3.125
10 »	3.456	3.564	3.672	3.780	3.136	3.248	3.360	3.472
11 »	3.802	3.920	4.039	4.158	3.450	3.573	3.696	3.819
12 »	4.147	4.277	4.406	4.536	3.763	3.898	4.022	4.166
13 »	4.493	4.633	4.774	4.914	4.077	4.222	4.368	4.514
14 »	4.838	4.990	5.141	5.292	4.390	4.547	4.704	4.861
15 »	5.184	5.346	5.508	5.670	4.704	4.872	5.040	5.268
16 »	5.530	5.702	5.875	6.048	5.018	5.197	5.376	5.555
17 »	5.875	6.059	6.242	6.426	5.331	5.522	5.712	5.902
18 »	6.221	6.415	6.610	6.804	5.645	5.846	6.048	6.250
19 »	6.566	6.772	6.977	7.182	5.958	6.171	6.384	6.597
20 »	6.912	7.128	7.344	7.560	6.272	6.496	6.720	6.944
21 »	7.258	7.484	7.711	7.938	6.586	6.821	7.056	7.291
22 »	7.603	7.841	8.078	8.316	6.899	7.146	7.392	7.638
23 »	7.949	8.197	8.446	8.694	7.213	7.470	7.728	7.986
24 »	8.294	8.554	8.813	9.072	7.526	7.795	8.064	8.333
25 »	8.640	8.910	9.180	9.450	7.840	8.120	8.400	8.680

LONGUEUR.	FACES OU CÔTÉS DES CARRÉS, en centimètres.							
	56 sur 64.	56 sur 66.	56 sur 68.	56 sur 70.	58 sur 58.	58 sur 60.	58 sur 62.	58 sur 64.
m. d.	m. d.	m. d.	m. d.	m. d.	m. d.	m. d.	m. d.	m. d.
2	72	74	76	78	67	70	72	74
4	143	148	152	157	135	139	144	148
6	215	222	228	235	202	209	216	223
8	287	296	305	314	269	278	288	297
1 »	358	370	381	392	336	348	360	371
2 »	717	739	762	784	673	696	719	742
3 »	1.075	1.109	1.142	1.176	1.009	1.044	1.079	1.114
4 »	1.434	1.478	1.523	1.568	1.346	1.392	1.438	1.485
5 »	1.792	1.848	1.904	1.960	1.682	1.740	1.708	1.856
6 »	2.150	2.218	2.285	2.352	2.018	2.088	2.158	2.227
7 »	2.509	2.587	2.666	2.744	2.355	2.436	2.547	2.598
8 »	2.867	2.957	3.046	3.136	2.694	2.784	2.877	2.970
9 »	3.226	3.326	3.427	3.528	3.028	3.132	3.236	3.341
10 »	3.584	3.696	3.808	3.920	3.364	3.480	3.596	3.712
11 »	3.942	4.066	4.189	4.312	3.700	3.828	3.956	4.083
12 »	4.301	4.435	4.570	4.704	4.037	4.176	4.315	4.454
13 »	4.659	4.805	4.950	5.096	4.373	4.524	4.675	4.826
14 »	5.018	5.174	5.331	5.488	4.710	4.872	5.034	5.197
15 »	5.376	5.544	5.712	5.880	5.046	5.220	5.394	5.568
16 »	5.734	5.914	6.093	6.272	5.382	5.568	5.754	5.939
17 »	6.093	6.283	6.474	6.664	5.719	5.916	6.113	6.310
18 »	6.451	6.653	6.754	7.056	6.055	6.264	6.473	6.682
19 »	6.810	7.022	7.235	7.448	6.392	6.612	6.832	7.053
20 »	7.168	7.392	7.616	7.840	6.728	6.960	7.192	7.424
21 »	7.526	7.762	7.997	8.232	7.064	7.308	7.552	7.795
22 »	7.885	8.131	8.378	8.624	7.401	7.656	7.911	8.166
23 »	8.243	8.501	8.758	9.016	7.737	8.004	8.271	8.538
24 »	8.602	8.870	9.139	9.408	8.074	8.352	8.630	8.909
25 »	8.960	9.240	9.520	9.800	8.410	8.700	8.990	9.280

LONGUEUR.	FACES OU CÔTÉS DES CARRÉS, en centimètres.					
	58 sur 66.	58 sur 68.	58 sur 70.	60 sur 60.	60 sur 62.	60 sur 64.
m. d.	m. d.	m. d.	m. d.	m. d.	m. d.	m. d.
2	77	79	81	72	74	77
4	153	158	162	144	149	154
6	230	237	244	216	223	230
8	306	316	325	288	298	307
1 »	382	394	406	360	372	384
2 »	766	789	812	720	744	768
3 »	1.148	1.183	1.218	1.080	1.116	1.152
4 »	1.531	1.578	1.624	1.440	1.488	1.536
5 »	1.914	1.972	2.030	1.800	1.860	1.920
6 »	2.297	2.366	2.436	2.160	2.232	2.304
7 »	2.680	2.761	2.842	2.520	2.604	2.688
8 »	3.062	3.155	3.248	2.880	2.976	3.072
9 »	3.445	3.550	3.654	3.240	3.348	3.456
10 »	3.828	3.944	4.060	3.600	3.720	3.840
11 »	4.211	4.338	4.466	3.960	4.092	4.224
12 »	4.594	4.733	4.872	4.320	4.464	4.608
13 »	4.976	5.127	5.278	4.680	4.836	4.992
14 »	5.359	5.522	5.684	5.040	5.208	5.376
15 »	5.742	5.916	6.090	5.400	5.580	5.760
16 »	6.125	6.310	6.496	5.760	5.952	6.144
17 »	6.508	6.705	6.902	6.120	6.324	6.528
18 »	6.890	7.099	7.308	6.480	6.696	6.912
19 »	7.273	7.494	7.714	6.840	7.068	7.296
20 »	7.656	7.888	8.120	7.200	7.440	7.680
21 »	8.039	8.282	8.526	7.560	7.812	8.064
22 »	8.422	8.677	8.932	7.920	8.184	8.448
23 »	8.804	9.071	9.338	8.280	8.556	8.832
24 »	9.187	9.466	9.744	8.640	8.928	9.216
25 »	9.570	9.860	10.150	9. »	9.300	9.600

LONGUEUR.	FACES OU CÔTÉS DES CARRÉS, en centimètres.					
	60 sur 66.	60 sur 68.	60 sur 70.	62 sur 62.	62 sur 64.	62 sur 66.
m. d.	m. d.	m. d.	m. d.	m. d.	m. d.	m. d.
2	79	82	84	77	79	82
4	158	163	168	154	159	164
6	238	245	252	231	238	246
8	317	326	336	308	317	327
1 »	396	408	420	384	397	409
2 »	792	816	840	769	794	818
3 »	1.188	1.224	1.260	1.153	1.190	1.228
4 »	1.584	1.632	1.680	1.538	1.587	1.637
5 »	1.980	2.040	2.100	1.922	1.984	2.046
6 »	2.376	2.448	2.520	2.306	2.381	2.455
7 »	2.772	2.856	2.940	2.691	2.778	2.864
8 »	3.168	3.264	3.360	3.075	3.174	3.274
9 »	3.564	3.672	3.780	3.460	3.571	3.683
10 »	3.960	4.080	4.200	3.844	3.968	4.092
11 »	4.356	4.488	4.620	4.228	4.365	4.501
12 »	4.752	4.896	5.040	4.613	4.762	4.910
13 »	5.148	5.304	5.460	4.997	5.158	5.320
14 »	5.544	5.712	5.880	5.382	5.555	5.729
15 »	5.940	6.120	6.300	5.766	5.952	6.138
16 »	6.336	6.528	6.720	6.150	6.349	6.547
17 »	6.732	6.936	7.140	6.535	6.746	6.956
18 »	7.128	7.344	7.560	6.919	7.142	7.366
19 »	7.524	7.752	7.980	7.304	7.539	7.775
20 »	7.920	8.160	8.400	7.688	7.936	8.184
21 »	8.316	8.568	8.820	8.072	8.333	8.593
22 »	8.712	8.976	9.240	8.457	8.730	9.002
23 »	9.108	9.384	9.660	8.841	9.126	9.412
24 »	9.504	9.792	10.080	9.226	9.523	9.821
25 »	9.900	10.200	10.500	9.610	9.920	10.230

LONGUEUR.	FACES OU CÔTES DES CARRÉS ; en centimètres.					
	62 sur 68.	62 sur 70.	64 sur 64.	64 sur 66.	64 sur 68.	64 sur 70.
m. d.	m. d.	m. d.	m. d.	m. d.	m. d.	m. d.
2	84	87	82	84	87	90
4	169	174	164	169	174	179
6	253	260	246	253	261	269
8	337	347	328	338	348	358
1 »	422	434	410	422	435	448
2 »	843	868	819	845	870	896
3 »	1.265	1.302	1.229	1.267	1.306	1.344
4 »	1.686	1.736	1.638	1.690	1.744	1.792
5 »	2.108	2.170	2.648	2.112	2.476	2.240
6 »	2.530	2.604	2.458	2.534	2.611	2.688
7 »	2.951	3.038	2.867	2.957	3.046	3.136
8 »	3.373	3.472	3.277	3.379	3.482	3.584
9 »	3.794	3.906	3.686	3.802	3.917	4.032
10 »	4.216	4.340	4.096	4.224	4.352	4.480
11 »	4.638	4.774	4.506	4.646	4.787	4.928
12 »	5.059	5.208	4.915	5.069	5.222	5.376
13 »	5.481	5.642	5.325	5.491	5.658	5.824
14 »	5.902	6.076	5.734	5.914	6.093	6.272
15 »	6.324	6.510	6.144	6.336	6.528	6.720
16 »	6.746	6.944	6.554	6.758	6.963	7.168
17 »	7.167	7.378	6.963	7.181	7.398	7.616
18 »	7.589	7.812	7.373	7.603	7.834	8.064
19 »	8.010	8.246	7.782	8.026	8.269	8.512
20 »	8.432	8.680	8.192	8.448	8.704	8.960
21 »	8.854	9.114	8.602	8.870	9.139	9.408
22 »	9.275	9.548	9.011	9.293	9.574	9.856
23 »	9.697	9.982	9.421	9.715	10.010	10.304
24 »	10.118	10.416	9.830	10.138	10.445	10.752
25 »	10.540	10.850	10.240	10.560	10.880	10.200

LONGUEUR.	FACES OU CÔTÉS DES CARRÉS, en centimètres.					
	66 sur 66.	66 sur 68.	66 sur 70.	68 sur 68.	68 sur 70.	70 sur 70.
m. d.	m. d.	m. d.	m. d.	m. d.	m. d.	m. d.
2	87	90	92	92	95	98
4	174	180	185	185	190	196
6	261	269	277	277	286	294
8	348	359	370	370	381	392
1 »	436	449	462	462	476	490
2 »	871	898	924	925	952	980
3 »	1.307	1.346	1.386	1.387	1.428	1.470
4 »	1.742	1.795	1.848	1.850	1.904	1.960
5 »	2.178	2.244	2.310	2.312	2.380	2.450
6 »	2.604	2.693	2.772	2.774	2.856	2.940
7 »	3.049	3.142	3.234	3.237	3.332	3.430
8 »	3.485	3.590	3.696	3.699	3.808	3.920
9 »	3.920	4.039	4.158	4.162	4.284	4.410
10 »	4.356	4.488	4.620	4.624	4.760	4.900
11 »	4.792	4.937	5.082	5.086	5.236	5.390
12 »	5.227	5.386	5.544	5.549	5.712	5.880
13 »	5.663	5.834	6.006	6.011	6.188	6.370
14 »	6.098	6.283	6.468	6.474	6.664	6.860
15 »	6.534	6.732	6.930	6.936	7.140	7.350
16 »	6.970	7.181	7.392	7.398	7.616	7.840
17 »	7.405	7.630	7.854	7.861	8.092	8.330
18 »	7.841	8.078	8.316	8.323	8.568	8.820
19 »	8.276	8.527	8.778	8.786	9.044	9.310
20 »	8.712	8.976	9.240	9.248	9.520	9.800
21 »	9.148	9.425	9.702	9.710	9.996	10.290
22 »	9.583	9.874	10.164	10.173	10.472	10.780
23 »	10.019	10.322	10.626	10.635	10.948	11.270
24 »	10.454	10.771	11.088	11.098	11.424	11.760
25 »	10.890	11.220	11.550	11.560	11.900	12.250

DEUXIÈME PARTIE

PRODUITS CUBES

DES BOIS EN GRUME.

LONGUEUR.	CIRCONFÉRENCE, 25 cent. DIAMÈTRE, 8 centimèt.				CIRCONFÉRENCE, 28 cent. DIAMÈTRE, 9 centimèt.			
	5e déduit.	6e déduit.	7e déduit.	8e déduit.	5e déduit.	6e déduit.	7e déduit.	8e déduit.
m. d.	m. d.	m. d.	m. d.	m. d.	m. d.	m. d.	m. d.	m. d.
2	1	1	1	1	1	1	1	1
4	1	1	1	1	1	1	1	1
6	2	2	2	2	2	2	2	2
8	2	2	2	2	2	3	3	3
1 »	3	3	3	3	3	3	4	4
2 »	5	5	6	6	6	6	7	7
3 »	8	8	9	9	9	10	11	11
4 »	10	11	12	12	12	13	14	15
5 »	13	14	15	15	15	16	18	19
6 »	15	16	17	18	18	19	22	22
7 »	18	19	20	21	21	22	25	26
8 »	20	22	23	24	24	26	29	30
9 »	23	24	26	27	27	29	32	33
10 »	25	27	29	30	30	32	36	37
11 »	28	30	32	33	33	35	40	41
12 »	30	32	35	36	36	38	43	44
13 »	33	35	38	39	39	42	47	48
14 »	35	38	41	42	42	45	50	52
15 »	38	41	44	45	45	48	54	56
16 »	40	43	46	48	48	51	58	59
17 »	43	46	49	51	51	54	61	63
18 »	45	49	52	54	54	58	65	67
19 »	48	51	55	57	57	61	68	70
20 »	50	54	58	60	60	64	72	74
21 »	53	57	61	63	63	67	76	78
22 »	55	59	64	66	66	70	79	81
23 »	58	62	67	69	69	74	83	85
24 »	60	65	70	72	72	77	86	89
25 »	63	68	73	75	75	80	90	93

LONGUEUR.	CIRCONFÉRENCE, 31 cent. DIAMÈTRE, 10 centimèt.				CIRCONFÉRENCE, 35 cent. DIAMÈTRE, 11 centimèt.			
	5ᵉ	6ᵉ	7ᵉ	8ᵉ	5ᵉ	6ᵉ	7ᵉ	8ᵉ
	déduit.	déduit.	déduit.	déduit.	déduit.	déduit.	déduit.	déduit.
m. d.	m. d.	m. d.	m. d.	m. d.	m. d.	m. d.	m. d.	m. d.
2	1	1	1	1	1	1	1	1
4	2	2	2	2	2	2	2	2
6	2	3	3	3	3	3	3	3
8	3	3	4	4	4	4	4	4
1 »	4	4	5	5	5	5	5	6
2 »	8	8	9	9	9	10	11	11
3 »	12	13	14	14	14	15	16	17
4 »	16	17	18	19	18	20	21	22
5 »	20	21	23	24	23	25	27	28
6 »	23	25	28	28	28	29	32	34
7 »	27	29	32	33	32	34	37	39
8 »	31	34	37	38	37	39	42	45
9 »	35	38	41	42	41	44	48	50
10 »	39	42	46	47	46	49	53	56
11 »	43	46	51	52	51	54	58	62
12 »	47	50	55	56	55	59	64	67
13 »	51	55	60	61	60	64	69	73
14 »	55	59	64	66	64	69	74	78
15 »	59	63	69	71	69	74	80	84
16 »	62	67	74	75	74	78	85	90
17 »	66	71	78	80	78	83	90	95
18 »	70	76	83	85	83	88	95	101
19 »	74	80	87	89	87	93	101	106
20 »	78	84	92	94	92	98	106	112
21 »	82	88	97	99	97	103	111	118
22 »	86	92	101	103	101	108	117	123
23 »	90	97	106	108	106	113	122	129
24 »	94	101	110	113	110	118	127	134
25 »	98	105	115	118	115	123	133	140

LONGUEUR.	CIRCONFÉRENCE, 38 cent. DIAMÈTRE, 12 centimèt.				CIRCONFÉRENCE, 41 cent. DIAMÈTRE, 13 centimèt.			
	5e déduit.	6e déduit.	7e déduit.	8e déduit.	5e déduit.	6e déduit.	7e déduit.	8e déduit
m. d.	m. d.	m. d.	m. d.	m. d.	m. d.	m. d.	m. d.	m. d.
2	1	1	1	1	1	1	2	2
4	2	2	3	3	3	3	3	3
6	3	4	4	4	4	4	5	5
8	4	5	5	6	5	6	6	6
1 »	6	6	7	7	7	7	8	8
2 »	11	12	13	14	14	14	15	16
3 »	17	19	20	21	20	22	23	24
4 »	22	25	26	28	27	29	30	32
5 »	28	31	33	35	34	36	38	41
6 »	34	37	40	41	41	43	46	49
7 »	39	43	46	48	48	50	53	57
8 »	45	50	53	55	54	58	61	65
9 »	50	56	59	62	61	65	68	73
10 »	56	62	66	69	68	72	76	81
11 »	62	68	73	76	75	79	84	89
12 »	67	74	79	83	82	86	91	97
13 »	73	81	86	90	88	94	99	105
14 »	78	87	92	97	95	101	106	113
15 »	84	93	99	104	102	108	114	122
16 »	90	99	106	110	109	115	122	130
17 »	95	105	112	117	116	122	129	138
18 »	101	112	119	124	122	130	137	146
19 »	106	118	125	131	129	137	144	154
20 »	112	124	132	138	136	144	152	162
21 »	118	130	139	145	143	151	160	170
22 »	123	136	146	152	150	158	167	178
23 »	129	143	153	159	156	166	175	186
24 »	134	149	159	166	163	173	182	194
25 »	140	155	166	173	170	180	190	203

LONGUEUR	CIRCONFÉRENCE, 44 cent. DIAMÈTRE, 14 centimèt.				CIRCONFÉRENCE, 47 cent. DIAMÈTRE, 15 centimèt.			
	5e déduit.	6e déduit.	7e déduit.	8e déduit.	5e déduit.	6e déduit.	7e déduit.	8e déduit.
m. d.	m. d.	m. d.	m. d.	m. d.	m. d.	m. d.	m. d.	m. d
2	2	2	2	2	2	2	2	2
4	3	3	4	4	4	4	4	4
6	5	5	5	5	5	6	6	6
8	6	7	7	7	7	8	8	8
1 »	8	8	9	9	9	10	10	11
2 »	15	17	18	18	18	19	20	21
3 »	23	25	26	28	26	29	30	32
4 »	30	34	35	37	35	38	40	42
5 »	38	42	44	46	44	48	51	53
6 »	46	50	53	55	53	57	61	64
7 »	53	59	62	64	62	67	71	74
8 »	61	67	70	74	70	76	81	85
9 »	68	76	79	83	79	86	91	95
10 »	76	84	88	92	88	95	101	106
11 »	84	92	97	101	97	105	111	117
12 »	91	101	106	110	106	114	121	127
13 »	99	109	114	120	114	124	131	138
14 »	106	118	123	129	123	133	141	148
15 »	114	126	132	138	132	143	152	159
16 »	122	134	141	147	141	152	162	170
17 »	129	143	150	156	150	162	172	180
18 »	137	151	158	166	158	171	182	191
19 »	144	160	167	175	167	181	192	201
20 »	152	168	176	184	176	190	202	212
21 »	160	176	185	193	185	200	212	223
22 »	167	185	194	202	194	209	222	233
23 »	175	193	202	212	202	219	232	244
24 »	182	202	211	221	211	228	242	254
25 »	190	210	220	230	220	238	253	263

LONGUEUR.	CIRCONFÉRENCE, 50 cent. DIAMÈTRE, 16 centimèt.				CIRCONFÉRENCE, 53 cent. DIAMÈTRE, 17 centimèt.			
	5e déduit.	6e déduit.	7e déduit.	8e déduit.	5e déduit.	6e déduit.	7e déduit.	8e déduit.
m. d.	m. d.	m. d.	m. d.	m. d.	m. d.	m. d.	m. d.	m. d.
2	2	2	2	2	2	2	3	3
4	4	4	5	5	5	5	5	5
6	6	6	7	7	7	7	8	8
8	8	8	9	10	9	10	10	11
1 »	10	11	12	12	11	12	13	14
2 »	20	21	23	24	23	25	26	27
3 »	30	32	35	36	34	37	39	41
4 »	40	42	46	48	46	50	52	54
5 »	50	53	58	61	57	62	66	68
6 »	60	63	69	73	68	74	79	81
7 »	70	74	81	85	80	87	92	95
8 »	80	85	92	97	91	99	105	108
9 »	90	95	104	109	103	112	118	122
10 »	100	106	115	121	114	124	131	135
11 »	110	117	127	133	125	136	144	149
12 »	120	127	138	145	137	149	157	162
13 »	136	138	150	157	148	161	170	176
14 »	140	148	161	169	160	174	183	189
15 »	150	159	173	182	171	186	197	203
16 »	160	170	184	194	182	198	210	216
17 »	170	180	196	206	194	211	223	230
18 »	180	191	207	218	205	223	236	243
19 »	190	201	219	230	217	236	249	257
20 »	200	212	230	242	228	248	262	270
21 »	210	223	242	254	239	260	275	284
22 »	220	233	253	266	251	273	288	297
23 »	230	244	265	278	262	285	301	311
24 »	240	254	276	290	274	298	314	324
25 »	250	265	288	303	285	310	328	338

LONGUEUR.	CIRCONFÉRENCE, 57 cent. DIAMÈTRE, 18 centimèt.				CIRCONFÉRENCE, 60 cent. DIAMÈTRE, 19 centimèt.			
	5ᶜ déduit.	6ᶜ déduit.	7ᶜ déduit.	8ᶜ déduit.	5ᶜ déduit.	6ᶜ déduit.	7ᶜ déduit.	8ᶜ déduit
m. d.	m. d.	m. d.	m. d.	m. d.	m. d.	m. d.	m. d.	m. d.
2	3	3	3	3	3	3	3	3
4	5	5	6	6	6	6	7	7
6	8	8	9	9	9	9	10	10
8	10	11	12	12	11	12	13	14
1 »	13	14	15	15	14	16	16	17
2 »	25	27	29	31	28	31	33	34
3 »	38	41	44	46	43	47	49	51
4 »	51	55	58	61	57	62	65	68
5 »	64	69	73	77	71	78	82	86
6 »	76	82	87	92	85	93	98	103
7 »	89	96	102	107	99	109	114	120
8 »	102	110	116	122	114	124	130	137
9 »	114	123	131	138	128	140	147	154
10 »	127	137	145	153	142	155	163	171
11 »	140	151	160	168	156	171	179	188
12 »	152	164	174	184	170	186	196	205
13 »	165	178	189	199	185	202	212	222
14 »	178	192	203	214	199	217	228	239
15 »	191	206	218	230	213	233	245	257
16 »	203	219	232	245	227	248	261	274
17 »	216	233	247	260	241	264	277	291
18 »	229	247	261	275	256	279	293	308
19 »	241	260	276	291	270	295	310	325
20 »	254	274	290	306	284	310	326	342
21 »	267	288	305	321	298	326	342	359
22 »	279	301	319	337	312	341	359	376
23 »	292	315	334	352	327	357	375	393
24 »	305	329	348	367	344	372	391	410
25 »	318	343	363	383	355	388	408	428

LONGUEUR.	CIRCONFÉRENCE, 63 cent. DIAMÈTRE, 20 centimèt.				CIRCONFÉRENCE, 66 cent. DIAMÈTRE, 21 centimèt.			
	5e déduit.	6e déduit.	7e déduit.	8e déduit.	5e déduit.	6e déduit.	7e déduit.	8e déduit.
m. d.	m. d.	m. d.	m. d.	m. d.	m. d.	m. d.	m. d.	m. d.
2	3	3	4	4	3	4	4	4
4	6	7	7	8	7	8	8	8
6	10	10	11	11	10	11	12	12
8	13	14	14	15	14	15	16	16
1 »	16	17	18	19	17	19	20	20
2 »	32	34	36	38	35	38	40	41
3 »	48	51	54	57	52	57	60	61
4 »	64	68	72	76	70	76	80	82
5 »	80	86	90	95	87	95	100	102
6 »	95	103	108	113	104	113	120	122
7 »	111	120	126	132	122	132	140	143
8 »	127	137	144	151	139	151	160	163
9 »	143	154	162	170	157	170	180	184
10 »	159	174	180	189	174	189	200	204
11 »	175	188	198	208	191	208	220	224
12 »	191	205	216	227	209	227	240	245
13 »	207	222	234	246	226	246	260	265
14 »	223	239	252	265	244	265	280	286
15 »	239	257	270	284	261	284	300	306
16 »	254	274	288	302	278	302	320	326
17 »	270	281	306	321	296	321	340	347
18 »	286	308	324	340	313	340	360	367
19 »	302	325	342	359	331	359	380	388
20 »	318	342	360	378	348	378	400	408
21 »	334	359	378	397	365	397	420	428
22 »	350	376	396	416	383	416	440	449
23 »	366	383	414	435	400	435	460	469
24 »	382	410	432	454	448	454	480	490
25 »	398	428	450	473	435	473	500	510

LONGUEUR	CIRCONFÉRENCE, 69 cent. DIAMÈTRE, 22 centimèt.				CIRCONFÉRENCE, 72 cent. DIAMÈTRE, 23 centimèt.			
	5e déduit	6e déduit	7e déduit	8e déduit	5e déduit	6e déduit	7e déduit	8e déduit
m. d.	m. d.	m. d.	m. d.	m. d.	m. d.	m. d.	m. d.	m. d.
2	4	4	4	5	4	5	5	5
4	8	8	9	9	8	9	10	10
6	11	12	13	14	13	14	14	15
8	15	17	18	18	17	18	19	20
1 »	19	21	22	23	21	23	24	25
2 »	38	41	44	46	42	45	48	50
3 »	57	62	66	69	63	68	72	75
4 »	76	83	88	92	84	91	96	100
5 »	95	104	110	115	105	114	120	125
6 »	114	124	131	137	126	136	144	149
7 »	133	145	153	160	146	159	168	174
8 »	152	166	175	183	167	182	192	199
9 »	171	186	197	206	188	204	216	224
10 »	190	207	219	229	209	227	240	249
11 »	209	228	241	252	230	250	264	274
12 »	228	248	263	275	251	272	288	299
13 »	247	269	285	298	272	295	312	324
14 »	266	290	307	321	293	318	336	349
15 »	285	311	329	344	314	341	360	374
16 »	304	331	350	366	334	363	384	398
17 »	323	352	372	389	355	388	408	423
18 »	342	373	394	412	376	309	432	448
19 »	361	393	416	435	397	431	456	473
20 »	380	414	438	458	418	454	480	498
21 »	399	435	460	481	439	477	504	523
22 »	418	455	482	504	460	499	528	546
23 »	437	476	504	527	481	522	552	573
24 »	456	497	526	550	502	545	576	598
25 »	475	518	548	573	523	568	600	623

LONGUEUR.	CIRCONFÉRENCE, 75 cent. DIAMÈTRE, 24 centimèt.				CIRCONFÉRENCE, 79 cent. DIAMÈTRE, 25 centimèt.			
	5e déduit.	6e déduit.	7e déduit.	8e déduit.	5e déduit.	6e déduit.	7e déduit.	8e déduit.
m. d.	m. d.	m. d.	m. d.	m. d.	m. d.	m. d.	m. d.	m. d.
2	5	5	5	5	5	5	6	6
4	9	10	10	11	10	11	11	12
6	14	15	16	16	15	16	17	18
8	18	20	21	22	20	22	23	24
1 »	23	25	26	27	25	27	28	30
2 »	45	49	52	54	49	54	57	59
3 »	68	74	78	82	74	80	85	89
4 »	91	98	104	109	98	107	113	118
5 »	114	123	130	136	123	134	142	148
6 »	136	148	155	163	148	161	170	177
7 »	159	172	181	190	172	188	198	207
8 »	182	197	207	218	197	214	226	236
9 »	204	221	233	245	221	241	255	266
10 »	227	246	259	272	246	268	283	295
11 »	250	271	285	299	271	295	311	325
12 »	272	295	311	326	295	322	340	354
13 »	295	320	337	354	320	348	368	384
14 »	318	344	363	381	344	375	396	413
15 »	341	369	389	408	369	402	425	443
16 »	363	394	414	435	394	429	453	472
17 »	386	418	440	462	418	456	481	502
18 »	409	443	466	490	443	482	509	531
19 »	431	467	492	517	467	509	538	561
20 »	454	492	518	544	492	536	566	590
21 »	477	517	544	571	517	563	594	620
22 »	499	541	570	598	541	590	623	649
23 »	522	566	596	626	566	616	651	679
24 »	545	590	622	653	590	643	679	708
25 »	568	615	648	680	615	670	708	738

11*

LONGUEUR.	CIRCONFÉRENCE, 82 cent. DIAMÈTRE, 26 centimèt.				CIRCONFÉRENCE, 85 cent. DIAMÈTRE, 27 centimèt.			
	5e	6e	7e	8e	5e	6e	7e	8e
	déduit.	déduit.	déduit.	déduit.	déduit.	déduit.	déduit.	déduit.
m. d.	m. d.	m. d.	m. d.	m. d.	m. d.	m. d.	m. d.	m. d.
2	5	6	6	6	6	6	7	7
4	11	12	12	13	11	13	13	14
6	16	17	18	19	17	19	20	21
8	21	23	24	26	23	25	26	28
1 »	27	29	31	32	29	32	33	34
2 »	53	58	61	64	57	63	66	69
3 »	80	87	92	96	86	95	99	103
4 »	106	116	122	128	115	126	132	138
5 »	133	145	153	160	144	158	166	172
6 »	159	174	184	191	172	190	199	206
7 »	186	203	214	223	201	221	232	241
8 »	212	232	245	255	230	253	265	275
9 »	239	261	275	287	258	284	298	310
10 »	265	290	306	319	287	316	331	344
11 »	292	319	337	351	316	348	364	378
12 »	318	348	367	383	344	379	397	413
13 »	345	377	398	415	373	411	430	447
14 »	371	406	428	447	402	442	463	482
15 »	398	435	459	489	431	474	496	516
16 »	424	464	490	520	459	506	530	550
17 »	451	493	520	552	488	537	563	585
18 »	477	522	551	584	517	569	596	619
19 »	504	551	581	616	545	600	629	654
20 »	530	580	612	648	574	632	662	688
21 »	557	609	643	680	603	664	695	722
22 »	583	638	673	712	631	695	728	757
23 »	610	667	704	744	660	727	761	791
24 »	636	696	734	776	689	758	794	826
25 »	663	725	765	808	718	790	828	860

LONGUEUR.	CIRCONFÉRENCE, 88 cent. DIAMÈTRE, 28 centimèt.				CIRCONFÉRENCE, 91 cent. DIAMÈTRE, 29 centimèt.			
	5ᶜ déduit.	6ᶜ déduit.	7ᶜ déduit.	8ᶜ déduit.	5ᶜ déduit.	6ᶜ déduit.	7ᶜ déduit.	8ᶜ déduit.
m. d.	m. d.	m. d.	m. d.	m. d.	m. d.	m. d.	m. d.	m. d.
2	6	7	7	7	7	7	8	8
4	12	13	14	15	13	14	15	16
6	19	20	21	22	20	22	23	24
8	25	27	28	29	27	29	30	32
1 »	31	34	36	37	33	36	38	40
2 »	62	67	71	73	66	72	76	79
3 »	93	101	107	110	100	108	114	119
4 »	124	134	142	146	133	144	152	159
5 »	155	168	178	183	166	180	191	199
6 »	185	202	213	219	199	216	229	238
7 »	216	235	249	256	232	252	267	278
8 »	247	269	284	292	266	288	305	318
9 »	278	302	320	329	299	324	343	357
10 »	309	336	355	366	332	360	381	397
11 »	340	370	391	402	365	396	419	437
12 »	371	403	426	439	398	432	457	476
13 »	402	437	462	475	432	468	495	516
14 »	433	470	497	512	465	504	533	556
15 »	464	504	533	548	498	540	572	596
16 »	494	538	568	585	531	576	610	635
17 »	525	571	604	621	564	612	648	675
18 »	556	605	639	658	598	648	686	715
19 »	587	638	675	694	631	684	724	754
20 »	618	672	710	731	664	720	762	794
21 »	649	706	746	768	697	756	800	834
22 »	680	739	781	804	730	792	838	873
23 »	711	773	817	841	764	828	876	913
24 »	742	806	852	877	797	864	914	953
25 »	773	840	888	914	830	900	953	993

LONGUEUR.	CIRCONFÉRENCE, 94 cent. DIAMÈTRE, 30 centimèt.				CIRCONFÉRENCE, 97 cent. DIAMÈTRE, 31 centimèt.			
	5ᵉ déduit.	6ᵉ déduit.	7ᵉ déduit.	8ᵉ déduit.	5ᵉ déduit.	6ᵉ déduit.	7ᵉ déduit.	8ᵉ déduit.
m. d.	m. d.	m. d.	m. d.	m. d.	m. d.	m. d.	m. d.	m. d.
2	7	8	8	9	8	8	9	9
4	14	15	16	17	15	16	17	18
6	21	23	24	26	23	25	26	27
8	28	31	33	34	30	33	35	36
1 »	36	39	41	43	38	41	44	45
2 »	71	77	82	85	76	82	87	91
3 »	107	116	122	128	114	124	131	136
4 »	142	154	163	170	152	165	174	182
5 »	178	193	204	213	190	206	218	227
6 »	213	231	245	255	227	247	261	272
7 »	249	270	286	298	265	288	305	318
8 »	284	308	326	340	303	330	348	363
9 »	320	347	367	383	341	371	392	409
10 »	355	385	408	425	379	412	435	454
11 »	391	424	449	468	417	453	479	499
12 »	426	462	490	510	455	494	522	545
13 »	452	501	530	553	493	536	566	590
14 »	497	539	571	595	531	577	609	636
15 »	533	578	612	638	569	618	653	681
16 »	568	616	653	680	606	659	696	726
17 »	604	655	694	723	644	700	740	772
18 »	639	693	734	765	682	742	783	817
19 »	675	732	775	808	720	783	827	863
20 »	710	770	816	850	758	824	870	908
21 »	746	809	857	893	796	865	914	953
22 »	781	847	898	935	834	906	957	999
23 »	817	886	938	978	872	948	1.001	1.044
24 »	852	924	979	1.020	910	989	1.044	1.090
25 »	888	963	1.020	1.063	948	1.030	1.088	1.135

LONGUEUR.	CIRCONFÉRENCE, 101 c. DIAMÈTRE, 32 centimèt.				CIRCONFÉRENCE, 104 c. DIAMÈTRE, 33 centimèt.			
	5e déduit.	6e déduit.	7e déduit.	8e déduit.	5e déduit.	6e déduit.	7e déduit.	8e déduit.
m. d.	m. d.	m. d.	m. d.	m. d.	m. d.	m. d.	m. d.	m. d.
2	8	9	9	10	9	9	10	10
4	16	18	19	19	17	19	20	21
6	24	26	28	29	26	28	30	31
8	32	35	37	39	34	37	39	41
1 »	41	44	46	48	43	47	49	51
2 »	81	88	93	97	86	93	99	103
3 »	122	131	139	145	129	140	148	154
4 »	162	175	186	194	172	186	197	206
5 »	203	219	232	242	215	233	247	257
6 »	243	263	278	290	258	280	296	308
7 »	284	307	325	339	301	326	345	360
8 »	324	350	371	387	344	373	394	411
9 »	365	394	418	436	387	419	444	463
10 »	405	438	464	484	430	466	493	514
11 »	446	482	510	532	473	513	542	565
12 »	486	526	557	581	516	559	592	617
13 »	527	569	603	629	559	606	641	668
14 »	567	613	650	678	602	652	690	720
15 »	608	657	696	726	645	699	740	771
16 »	648	701	742	774	688	746	789	822
17 »	689	745	789	823	731	792	838	874
18 »	729	788	835	871	774	839	887	925
19 »	770	832	882	920	847	885	937	977
20 »	810	876	928	968	860	932	986	1.028
21 »	851	920	974	1.016	903	979	1.035	1.079
22 »	891	964	1.021	1.065	946	1.025	1.085	1.131
23 »	932	1.007	1.067	1.113	989	1.072	1.134	1.182
24 »	972	1.051	1.114	1.162	1.032	1.118	1.183	1.234
25 »	1.013	1.095	1.160	1.240	1.075	1.165	1.233	1.285

LONGUEUR	CIRCONFÉRENCE, 107 c. DIAMÈTRE, 34 centimèt.				CIRCONFÉRENCE, 110 c. DIAMÈTRE, 35 centimèt.			
	5e déduit	6e déduit	7e déduit	8e déduit	5e déduit	6e déduit	7e déduit	8e déduit
m. d.	m. d.	m. d.	m. d.	m. d.	m. d.	m. d.	m. d.	m. d.
2	9	10	10	11	10	10	11	12
4	18	20	21	22	19	21	22	23
6	27	30	31	33	29	31	33	35
8	37	40	42	44	39	42	44	46
1 »	46	50	52	55	48	52	56	58
2 »	91	99	105	109	97	105	111	116
3 »	137	149	157	164	145	157	167	174
4 »	183	198	209	218	194	210	222	232
5 »	229	248	262	273	242	262	278	290
6 »	274	298	314	328	290	314	333	347
7 »	320	347	366	382	339	367	389	405
8 »	366	397	418	437	387	419	444	463
9 »	411	446	471	491	436	472	500	521
10 »	457	496	523	546	484	524	555	579
11 »	503	546	575	601	532	576	611	637
12 »	548	595	628	655	581	629	666	695
13 »	594	645	680	710	629	681	722	753
14 »	640	694	732	764	678	734	777	811
15 »	686	744	785	819	726	786	833	869
16 »	731	794	837	874	774	838	888	926
17 »	777	843	889	928	823	891	944	984
18 »	823	893	941	983	871	943	999	1.042
19 »	868	942	994	1.037	920	996	1.055	1.100
20 »	914	992	1.046	1.092	968	1.048	1.110	1.158
21 »	960	1.042	1.098	1.147	1.016	1.100	1.166	1.216
22 »	1.005	1.091	1.151	1.201	1.065	1.153	1.221	1.274
23 »	1.051	1.141	1.203	1.256	1.113	1.205	1.277	1.332
24 »	1.097	1.190	1.255	1.310	1.162	1.258	1.322	1.390
25 »	1.143	1.240	1.308	1.365	1.210	1.310	1.388	1.448

LONGUEUR	CIRCONFÉRENCE, 113 c. DIAMÈTRE, 36 centimèt.				CIRCONFÉRENCE, 116 c. DIAMÈTRE, 37 centimèt.			
	5e déduit.	6e dédu.	7e déduit.	8e déduit.	5e déduit.	6e déduit.	7e déduit.	8e déduit.
m. d.	m. d.	m. d.	m. d.	m. d	m. d.	m. d.	m. d.	m. d.
2	10	11	12	12	11	12	12	13
4	20	22	23	24	22	23	25	26
6	31	33	35	37	32	35	37	39
8	41	44	47	49	43	47	50	52
1 »	51	56	59	61	54	59	62	65
2 »	102	111	117	122	108	117	124	129
3 »	154	167	176	184	162	176	186	194
4 »	205	222	234	245	216	235	248	259
5 »	256	278	293	306	271	294	310	324
6 »	307	333	352	367	325	352	372	388
7 »	358	389	410	428	379	411	434	453
8 »	410	444	469	490	433	470	496	518
9 »	461	500	527	551	487	528	558	582
10 »	512	555	586	612	541	587	620	647
11 »	563	611	645	673	595	646	682	712
12 »	614	666	703	734	649	704	744	776
13 »	666	722	762	796	703	763	806	841
14 »	717	777	820	857	757	822	868	906
15 »	768	833	879	918	812	881	930	971
16 »	819	888	938	979	866	939	992	1.035
17 »	870	944	996	1.040	920	998	1.054	1.100
18 »	922	999	1.055	1.102	974	1.057	1.115	1.165
19 »	973	1.055	1.113	1.163	1.028	1.115	1.178	1.229
20 »	1.024	1.110	1.172	1.224	1.082	1.174	1.240	1.294
21 »	1.075	1.166	1.231	1.285	1.136	1.233	1.302	1.359
22 »	1.126	1.221	1.289	1.346	1.190	1.291	1.364	1.423
23 »	1.178	1.277	1.348	1.408	1.244	1.350	1.426	1.488
24 »	1.229	1.332	1.406	1.469	1.298	1.409	1.488	1.553
25 »	1.280	1.388	1.465	1.530	1.353	1.468	1.550	1.618

LONGUEUR.	CIRCONFÉRENCE, 119 c. DIAMÈTRE, 38 centimèt.				CIRCONFÉRENCE, 123 c. DIAMÈTRE, 39 centimèt.			
	5e déduit.	6e déduit.	7e déduit.	8e déduit.	5e déduit.	6e déduit.	7e déduit.	8e déduit.
m. d.	m. d.	m. d.	m. d.	m. d.	m. d.	m. d.	m. d.	m. d.
2	11	12	13	14	12	13	14	14
4	23	25	26	27	24	26	28	29
6	34	37	39	41	36	39	42	43
8	46	49	52	55	48	52	55	57
1 »	57	62	66	68	60	65	69	72
2 »	114	124	131	136	120	130	138	144
3 »	171	185	197	205	180	196	208	215
4 »	228	247	262	273	240	261	277	287
5 »	285	309	328	341	301	326	346	359
6 »	342	371	393	409	361	391	415	431
7 »	399	433	459	477	421	456	484	503
8 »	456	494	524	546	481	522	554	574
9 »	513	556	590	614	541	587	623	646
10 »	570	618	655	682	601	652	692	718
11 »	627	680	721	750	661	717	761	790
12 »	684	742	786	818	721	782	830	862
13 »	741	803	852	887	781	848	900	933
14 »	798	865	917	955	841	913	969	1.005
15 »	855	927	983	1.033	902	978	1.038	1.077
16 »	912	989	1.048	1.091	962	1.043	1.107	1.149
17 »	969	1.051	1.114	1.159	1.022	1.108	1.176	1.221
18 »	1.026	1.112	1.179	1.228	1.082	1.174	1.246	1.292
19 »	1.083	1.174	1.245	1.296	1.142	1.239	1.315	1.364
20 »	1.140	1.236	1.310	1.364	1.202	1.304	1.384	1.436
21 »	1.197	1.298	1.376	1.432	1.262	1.369	1.453	1.508
22 »	1.254	1.360	1.444	1.500	1.322	1.434	1.522	1.580
23 »	1.311	1.421	1.507	1.569	1.382	1.500	1.592	1.651
24 »	1.368	1.483	1.572	1.637	1.442	1.565	1.661	1.723
25 »	1.425	1.545	1.638	1.705	1.503	1.630	1.730	1.795

LONGUEUR.	CIRCONFÉRENCE. 126 c. DIAMÈTRE, 40 centimèt.				CIRCONFÉRENCE, 129 c. DIAMÈTRE, 41 centimèt.			
	5e déduit.	6e déduit.	7e déduit.	8e déduit.	5e déduit.	6e déduit.	7e déduit.	8e déduit.
m. d.	m. d.	m. d.	m. d.	m. d.	m. d.	m. d.	m. d.	m. d.
2	.13	14	14	15	13	14	15	16
4	25	27	29	30	27	29	30	32
6	38	41	43	45	40	43	46	48
8	51	54	57	60	53	58	61	64
1 »	63	68	72	76	66	72	76	80
2 »	126	136	143	151	133	144	152	159
3 »	190	203	215	227	199	216	229	239
4 »	253	271	287	302	266	288	305	318
5 »	316	339	359	378	332	360	381	398
6 »	379	407	430	454	398	432	457	477
7 »	442	475	502	529	465	504	533	557
8 »	506	542	574	605	531	576	610	636
9 »	569	610	645	680	598	648	686	716
10 »	632	678	717	756	664	720	762	795
11 »	695	746	789	832	730	792	838	875
12 »	758	814	860	907	797	864	914	954
13 »	822	881	932	983	863	936	991	1.034
14 »	885	949	1.004	1.058	930	1.008	1.067	1.113
15 »	948	1.017	1.076	1.134	996	1.080	1.143	1.193
16 »	1.011	1.085	1.147	1.210	1.062	1.152	1.219	1.272
17 »	1.074	1.153	1.219	1.285	1.129	1.224	1.295	1.352
18 »	1.138	1.220	1.291	1.361	1.195	1.296	1.372	1.431
19 »	1.201	1.288	1.362	1.436	1.262	1.368	1.448	1.511
20 »	1.264	1.356	1.434	1.512	1.328	1.440	1.524	1.590
21 »	1.327	1.424	1.506	1.588	1.394	1.512	1.600	1.670
22 »	1.390	1.492	1.577	1.663	1.461	1.584	1.676	1.749
23 »	1.454	1.559	1.649	1.739	1.527	1.656	1.753	1.829
24 »	1.517	1.627	1.721	1.814	1.594	1.728	1.829	1.908
25 »	1.580	1.695	1.793	1.890	1.660	1.800	1.905	1.988

LONGUEUR.	CIRCONFÉRENCE, 132 c. DIAMÈTRE, 42 centimèt.				CIRCONFÉRENCE, 135 c. DIAMÈTRE, 43 centimèt.			
	5e déduit.	6e déduit.	7e déduit.	8e déduit.	5e déduit.	6e déduit.	7e déduit.	8e déduit.
m. d.	m. d.	m. d.	m. d.	m. d.	m. d.	m. d.	m. d.	m. d.
2	14	15	16	17	15	16	17	17
4	28	30	32	33	29	32	34	35
6	42	45	48	50	44	48	50	52
8	56	60	64	67	58	63	67	70
1 »	70	76	80	83	73	79	84	87
2 »	139	151	160	167	146	159	168	175
3 »	209	227	240	250	219	238	251	262
4 »	279	302	320	333	292	317	335	350
5 »	349	378	400	417	366	397	419	437
6 »	418	454	480	500	439	476	503	524
7 »	488	529	560	583	512	555	587	612
8 »	558	605	640	666	585	634	670	699
9 »	627	680	720	750	658	714	754	787
10 »	697	756	800	833	731	793	838	874
11 »	767	832	880	916	804	872	922	961
12 »	836	907	960	1. »	877	952	1.006	1.049
13 »	906	983	1.040	1.083	950	1.031	1.089	1.136
14 »	976	1.058	1.120	1.166	1.023	1.110	1.173	1.224
15 »	1.046	1.134	1.200	1.250	1.097	1.190	1.257	1.311
16 »	1.115	1.210	1.280	1.333	1.170	1.269	1.341	1.398
17 »	1.185	1.285	1.360	1.416	1.243	1.348	1.425	1.486
18 »	1.255	1.361	1.440	1.499	1.316	1.427	1.508	1.573
19 »	1.324	1.436	1.520	1.583	1.389	1.507	1.592	1.661
20 »	1.394	1.512	1.600	1.666	1.462	1.586	1.676	1.748
21 »	1.464	1.588	1.680	1.749	1.535	1.665	1.760	1.835
22 »	1.533	1.663	1.760	1.833	1.608	1.745	1.844	1.923
23 »	1.603	1.739	1.840	1.916	1.681	1.824	1.927	2.010
24 »	1.673	1.814	1.920	1.999	1.754	1.903	2.011	2.098
25 »	1.743	1.890	2. »	2.083	1.828	1.983	2.095	2.185

LONGUEUR.	CIRCONFÉRENCE, 138 c. DIAMÈTRE, 44 centimèt.				CIRCONFÉRENCE, 141 c. DIAMÈTRE, 45 centimèt.			
	5e déduit	6e déduit.	7e déduit.	8e déduit.	5e déduit.	6e déduit.	7e déduit.	8e déduit.
m. d.	m. d.	m. d.	m. d.	m. d.	m. d.	m. d.	m. d.	m. d.
2	15	17	18	1?	16	17	18	19
4	31	33	35	37	32	35	37	38
6	46	50	53	55	48	52	55	57
8	61	66	70	73	64	69	73	76
1 »	76	83	88	92	80	87	92	96
2 »	153	166	176	183	160	174	184	191
3 »	229	249	263	275	240	260	275	287
4 »	306	332	351	366	320	347	367	382
5 »	382	415	439	458	400	434	459	478
6 »	458	497	527	549	480	521	551	574
7 »	535	580	615	641	560	608	643	669
8 »	611	663	702	732	640	694	734	765
9 »	688	746	790	824	720	781	826	860
10 »	764	829	878	915	800	868	918	956
11 »	840	912	966	1.007	880	955	1.010	1.052
12 »	917	995	1.054	1.098	960	1.042	1.102	1.147
13 »	993	1.078	1.141	1.190	1.040	1.128	1.193	1.243
14 »	1.070	1.161	1.229	1.281	1.120	1.215	1.285	1.338
15 »	1.146	1.244	1.317	1.373	1.200	1.302	1.377	1.434
16 »	1.222	1.326	1.405	1.464	1.280	1.389	1.469	1.530
17 »	1.299	1.409	1.493	1.556	1.360	1.476	1.561	1.625
18 »	1.375	1.492	1.580	1.647	1.440	1.562	1.652	1.721
19 »	1.452	1.575	1.668	1.739	1.520	1.649	1.744	1.816
20 »	1.528	1.658	1.756	1.830	1.600	1.736	1.836	1.912
21 »	1.604	1.741	1.844	1.922	1.680	1.823	1.928	2.008
22 »	1.681	1.824	1.932	2.013	1.760	1.910	2.020	2.103
23 »	1.757	1.907	2.019	2.105	1.840	1.996	2.111	2.199
24 »	1.834	1.990	2.107	2.196	1.920	2.083	2.203	2.294
25 »	1.910	2.073	2.195	2.288	2. »	2.170	2.295	2.390

LONGUEUR.	CIRCONFÉRENCE, 145 c. DIANÈTRE , 46 centimèt.				CIRCONFÉRENCE, 148 c. DIAMÈTRE , 47 centimèt.			
	5ᵉ	6ᵉ	7ᵉ	8ᵉ	5ᵉ	6ᵉ	7ᵉ	8ᵉ
	déduit.	déduit.	déduit.	déduit.	déduit.	déduit.	déduit.	déduit
m. d.	m. d.	m. d.	m. d.	m. d.	m. d.	m. d.	m. d.	m. d.
2	17	18	19	20	17	19	20	21
4	33	36	38	40	35	38	40	42
6	50	54	58	60	52	57	60	63
8	67	73	77	80	70	76	80	84
1 »	84	91	96	100	87	95	100	104
2 »	167	181	192	200	174	189	200	209
3 »	251	272	288	300	254	284	300	313
4 »	334	363	384	400	337	378	400	418
5 »	418	454	480	500	421	473	501	522
6 »	501	544	575	600	504	568	601	626
7 »	585	635	671	700	587	662	701	731
8 »	668	726	767	800	670	757	801	835
9 »	752	816	863	900	754	851	901	940
10 »	835	907	959	1.»	837	946	1.001	1.044
11 »	919	998	1.055	1.100	920	1.041	1.101	1.148
12 »	1.002	1.088	1.151	1.200	1.004	1.135	1.201	1.253
13 »	1.086	1.179	1.247	1.300	1.087	1.230	1.301	1.357
14 »	1.169	1.270	1.343	1.400	1.170	1.324	1.401	1.462
15 »	1.253	1.361	1.438	1.500	1.254	1.419	1.502	1.566
16 »	1.336	1.451	1.534	1.600	1.337	1.514	1.602	1.670
17 »	1.420	1.542	1.630	1.700	1.420	1.608	1.702	1.775
18 »	1.503	1.633	1.726	1.800	1.503	1.703	1.802	1.879
19 »	1.587	1.723	1.822	1.900	1.587	1.797	1.902	1.984
20 »	1.670	1.814	1.918	2.»	1.670	1.892	2.002	2.088
21 »	1.754	1.905	2.014	2.100	1.753	1.987	2.102	2.192
22 »	1.837	1.995	2.110	2.200	1.837	2.081	2.202	2.207
23 »	1.921	2.086	2.206	2.300	1.920	2.176	2.302	2.401
24 »	2.004	2.177	2.302	2.400	2.003	2.270	2.402	2.506
25 »	2.088	2.268	2.398	2.500	2.087	2.365	2.503	2.610

LONGUEUR.	CIRCONFÉRENCE, 151 c. DIAMÈTRE, 48 centimèt.				CIRCONFÉRENCE, 154 c. DIAMÈTRE, 49 centimèt.			
	5e déduit.	6e déduit.	7e déduit.	8e déduit.	5e déduit.	6e déduit.	7e déduit.	8e déduit.
m. d.	m. d.	m. d.	m. d.	m. d.	m. d.	m. d.	m. d.	m. d.
2	18	20	21	22	19	21	22	23
4	36	40	42	44	38	41	44	45
6	55	59	63	65	57	62	65	68
8	73	79	84	87	76	82	87	91
1 »	91	99	105	109	95	103	109	113
2 »	182	198	209	218	190	206	218	227
3 »	273	297	314	327	284	309	327	340
4 »	364	396	418	436	379	412	436	454
5 »	455	495	523	545	474	515	545	567
6 »	546	593	627	653	569	617	653	680
7 »	637	692	732	762	664	720	762	794
8 »	728	791	836	871	758	823	871	907
9 »	819	890	941	980	853	926	980	1.021
10 »	910	989	1.045	1.089	948	1.029	1.089	1.134
11 »	1.001	1.088	1.150	1.198	1.043	1.132	1.198	1.247
12 »	1.092	1.187	1.254	1.307	1.138	1.235	1.307	1.361
13 »	1.183	1.286	1.359	1.416	1.232	1.338	1.416	1.474
14 »	1.274	1.385	1.463	1.525	1.327	1.441	1.525	1.588
15 »	1.365	1.484	1.568	1.634	1.422	1.544	1.634	1.701
16 »	1.456	1.582	1.672	1.742	1.517	1.646	1.742	1.815
17 »	1.547	1.681	1.777	1.851	1.612	1.749	1.851	1.928
18 »	1.638	1.780	1.881	1.960	1.706	1.852	1.960	2.041
19 »	1.729	1.879	1.986	2.069	1.801	1.955	2.069	2.155
20 »	1.820	1.978	2.090	2.178	1.896	2.058	2.178	2.268
21 »	1.911	2.077	2.195	2.287	1.991	2.161	2.287	2.381
22 »	2.002	2.176	2.299	2.396	2.086	2.264	2.396	2.495
23 »	2.093	2.275	2.404	2.505	2.180	2.367	2.505	2.608
24 »	2.184	2.374	2.508	2.614	2.275	2.470	2.614	2.722
25 »	2.275	2.473	2.613	2.723	2.370	2.573	2.723	2.835

LONGUEUR	CIRCONFÉRENCE, 157 c. DIAMÈTRE, 50 centimèt.				CIRCONFÉRENCE, 160 c. DIAMÈTRE, 51 centimèt.			
	5e déduit.	6e déduit.	7e déduit.	8e déduit.	5e déduit.	6e déduit.	7e déduit.	8e déduit.
m. d.	m. d.	m. d.	m. d.	m. d.	m. d.	m. d.	m. d.	m. d.
.2	20	21	23	24	20	22	24	25
4	39	43	45	47	39	45	47	49
6	59	64	68	71	59	67	71	74
8	78	86	91	95	79	89	94	98
1 »	98	107	114	118	99	112	118	123
2 »	196	214	227	236	197	223	236	246
3 »	294	321	341	355	296	335	354	369
4 »	392	428	454	473	394	446	472	492
5 »	490	536	568	591	493	558	590	615
6 »	587	643	681	709	592	670	708	737
7 »	685	750	795	827	690	781	826	860
8 »	783	857	908	946	789	893	944	983
9 »	881	964	1.022	1.064	887	1.004	1.062	1.106
10 »	979	1.071	1.135	1.182	986	1.116	1.180	1.229
11 »	1.077	1.178	1.249	1.300	1.085	1.228	1.298	1.352
12 »	1.175	1.285	1.362	1.418	1.183	1.339	1.416	1.475
13 »	1.273	1.392	1.476	1.537	1.282	1.451	1.534	1.598
14 »	1.371	1.499	1.589	1.655	1.380	1.562	1.652	1.721
15 »	1.469	1.607	1.703	1.773	1.479	1.674	1.770	1.844
16 »	1.566	1.714	1.816	1.891	1.578	1.785	1.888	1.966
17 »	1.664	1.821	1.930	2.009	1.676	1.897	2.006	2.089
18 »	1.762	1.928	2.043	2.128	1.775	2.009	2.124	2.212
19 »	1.860	2.035	2.157	2.246	1.873	2.120	2.242	2.335
20 »	1.958	2.142	2.270	2.364	1.972	2.232	2.360	2.458
21 »	2.056	2.249	2.384	2.482	2.071	2.344	2.478	2.581
22 »	2.154	2.356	2.497	2.600	2.169	2.455	2.596	2.704
23 »	2.252	2.463	2.611	2.719	2.268	2.567	2.714	2.827
24 »	2.350	2.570	2.724	2.837	2.366	2.678	2.832	2.950
25 »	2.448	2.678	2.838	2.955	2.465	2.790	2.950	3.073

	CIRCONFÉRENCE, 163 c. DIAMÈTRE, 52 centimèt.				CIRCONFÉRENCE, 167 c. DIAMÈTRE, 53 centimèt.			
LONGUEUR.	5e déduit.	6e déduit.	7e déduit.	8e déduit	5e déduit.	6e déduit.	7e déduit.	8e déduit.
m. d.	m. d.	m. d.	m. d.	m. d.	m. d.	m. d.	m. d.	m. d.
2	21	23	25	26	22	24	25	27
4	42	46	49	51	44	48	51	53
6	63	70	74	77	66	72	76	80
8	85	93	98	102	88	96	101	106
1 »	107	116	123	128	111	120	126	133
2 »	214	232	245	256	222	241	253	265
3 »	320	348	368	383	333	361	379	398
4 »	427	464	490	511	444	482	505	531
5 »	534	580	613	639	555	602	632	664
6 »	641	695	736	767	666	722	758	796
7 »	748	811	858	895	777	843	884	929
8 »	854	927	981	1.022	888	963	1.010	1.062
9 »	961	1.043	1.103	1.150	999	1.084	1.137	1.194
10 »	1.068	1.159	1.226	1.278	1.110	1.204	1.263	1.327
11 »	1.175	1.275	1.349	1.406	1.221	1.324	1.389	1.460
12 »	1.282	1.391	1.471	1.534	1.332	1.445	1.516	1.592
13 »	1.388	1.507	1.594	1.661	1.443	1.565	1.642	1.725
14 »	1.495	1.623	1.716	1.789	1.554	1.686	1.768	1.858
15 »	1.602	1.739	1.839	1.917	1.665	1.806	1.895	1.991
16 »	1.709	1.854	1.962	2.045	1.776	1.926	2.021	2.123
17 »	1.816	1.970	2.084	2.173	1.887	2.047	2.147	2.256
18 »	1.922	2.086	2.207	2.300	1.998	2.167	2.273	2.389
19 »	2.029	2.202	2.329	2.428	2.109	2.288	2.400	2.521
20 »	2.136	2.318	2.452	2.556	2.220	2.408	2.526	2.654
21 »	2.243	2.434	2.575	2.684	2.331	2.528	2.652	2.787
22 »	2.350	2.550	2.697	2.812	2.442	2.649	2.779	2.919
23 »	2.456	2.666	2.820	2.939	2.553	2.769	2.905	3.052
24 »	2.563	2.782	2.942	3.067	2.664	2.890	3.031	3.185
25 »	2.670	2.898	3.065	3.195	2.775	3.010	3.158	3.318

LONGUEUR.	CIRCONFÉRENCE, 170 c. DIAMÈTRE, 54 centimèt.				CIRCONFÉRENCE, 175 c. DIAMÈTRE, 55 centimèt.			
	5e. déduit.	6e. déduit.	7e. déduit.	8e. déduit.	5e. déduit.	6e. déduit.	7e. déduit.	8e. déduit.

LONGUEUR	CIRCONFÉRENCE, 176 c. DIAMÈTRE, 56 centimèt.				CIRCONFÉRENCE, 179 c. DIAMÈTRE, 57 centimèt			
	5ᵉ	6ᵉ	7ᵉ	8ᵉ	5ᵉ	6ᵉ	7ᵉ	8ᵉ
	déduit.	déduit.	déduit.	déduit.	déduit.	déduit.	déduit.	déduit.
m. d.	m. d.	m. d.	m. d.	m. d.	m. d.	m. d.	m. d.	m. d.
2	25	26	28	30	26	28	29	31
4	50	53	57	59	51	56	58	61
6	74	79	85	89	77	84	88	92
8	99	106	114	118	103	111	117	123
1 »	124	132	142	148	128	139	146	154
2 »	248	264	284	296	257	279	292	307
3 »	372	396	427	445	385	418	438	461
4 »	496	528	569	593	513	557	584	614
5 »	620	660	711	741	642	697	730	768
6 »	743	792	853	889	770	836	876	922
7 »	867	924	995	1.037	898	975	1.022	1.075
8 »	991	1.056	1.138	1.186	1.026	1.114	1.168	1.229
9 »	1.115	1.188	1.280	1.334	1.155	1.254	1.314	1.382
10 »	1.239	1.320	1.422	1.482	1.283	1.393	1.460	1.536
11 »	1.363	1.452	1.564	1.630	1.411	1.532	1.606	1.690
12 »	1.487	1.584	1.706	1.778	1.540	1.672	1.752	1.843
13 »	1.611	1.716	1.849	1.927	1.668	1.811	1.898	1.997
14 »	1.735	1.848	1.991	2.075	1.796	1.950	2.044	2.150
15 »	1.859	1.980	2.133	2.223	1.925	2.090	2.190	2.304
16 »	1.982	2.112	2.275	2.371	2.053	2.229	2.336	2.458
17 »	2.106	2.244	2.417	2.519	2.181	2.368	2.482	2.611
18 »	2.230	2.376	2.560	2.668	2.309	2.507	2.628	2.765
19 »	2.354	2.508	2.702	2.816	2.438	2.647	2.774	2.918
20 »	2.478	2.640	2.844	2.964	2.566	2.786	2.920	3.072
21 »	2.602	2.772	2.986	3.112	2.694	2.925	3.066	3.226
22 »	2.726	2.904	3.128	3.260	2.823	3.065	3.212	3.379
23 »	2.850	3.036	3.271	3.409	2.951	3.204	3.358	3.533
24 »	2.974	3.168	3.413	3.557	3.079	3.343	3.504	3.686
25 »	3.098	3.300	3.555	3.705	3.208	3.483	3.650	3.840

LONGUEUR	CIRCONFERENCE, 182 c. DIAMÈTRE, 58 centimèt.				CIRCONFERENCE, 185 c. DIAMÈTRE, 59 centimèt.			
	5e déduit.	6e déduit.	7e déduit.	8e déduit.	5e déduit.	6e déduit.	7e déduit.	8e déduit.
m. d.	m. d.	m. d.	m. d.	m. d.	m. d.	m. d.	m. d.	m. d.
2	27	29	31	32	28	30	32	33
4	53	58	61	64	55	60	63	66
6	80	86	92	95	88	90	95	99
8	106	116	122	127	110	120	128	132
1	133	145	153	159	138	140	158	165
2	266	288	305	318	275	299	316	329
3	399	432	458	477	413	448	475	494
4	532	576	610	636	550	598	631	659
5	665	721	763	795	688	747	789	823
6	797	865	916	953	825	896	948	988
7	930	1.009	1.068	1.112	963	1.045	1.105	1.153
8	1.063	1.153	1.221	1.271	1.100	1.195	1.262	1.317
9	1.196	1.297	1.373	1.430	1.238	1.344	1.420	1.482
10	1.329	1.441	1.526	1.589	1.375	1.494	1.578	1.646
11	1.462	1.585	1.679	1.748	1.513	1.643	1.736	1.810
12	1.595	1.729	1.831	1.907	1.650	1.793	1.894	1.975
13	1.728	1.873	1.984	2.066	1.788	1.942	2.051	2.139
14	1.861	2.017	2.136	2.225	1.925	2.092	2.209	2.303
15	1.994	2.162	2.289	2.384	2.063	2.241	2.367	2.468
16	2.126	2.306	2.442	2.542	2.200	2.390	2.525	2.632
17	2.259	2.450	2.594	2.701	2.338	2.540	2.683	2.796
18	2.392	2.594	2.747	2.860	2.475	2.689	2.840	2.961
19	2.525	2.738	2.899	3.010	2.613	2.839	2.998	3.125
20	2.658	2.882	3.052	3.178	2.750	2.988	3.156	3.290
21	2.791	3.026	3.205	3.337	2.888	3.137	3.314	3.454
22	2.923	3.170	3.357	3.496	3.025	3.287	3.471	3.618
23	3.057	3.314	3.510	3.655	3.163	3.436	3.629	3.783
24	3.190	3.458	3.663	3.815	3.300	3.586	3.787	3.947
25	3.323	3.603	3.815	3.973	3.438	3.735	3.945	4.111

LONGUEUR.	CIRCONFÉRENCE, 189 c. DIAMÈTRE, 60 centimèt.				CIRCONFÉRENCE, 192 c. DIAMÈTRE, 61 centimèt.			
	5ᵉ déduit	6ᵉ déduit.	7ᵉ déduit.	8ᵉ déduit.	5ᵉ déduit.	6ᵉ déduit.	7ᵉ déduit.	8ᵉ déduit
m. d.	m. d.	m. d.	m. d.	m. d.	m. d.	m. d.	m. d.	m. d
2	28	31	33	34	29	31	34	35
4	57	62	66	68	59	63	68	70
6	85	93	99	102	88	94	101	105
8	114	124	132	136	118	126	135	141
1 »	142	155	165	170	147	157	169	176
2 »	284	309	330	340	294	314	338	352
3 »	427	464	496	511	441	471	506	527
4 »	569	618	661	681	588	628	675	703
5 »	711	773	826	851	735	786	844	879
6 »	853	927	991	1.021	882	943	1.013	1.055
7 »	995	1.082	1.156	1.191	1.029	1.100	1.182	1.331
8 »	1.138	1.236	1.322	1.362	1.176	1.257	1.350	1.506
9 »	1.280	1.391	1.487	1.532	1.323	1.414	1.519	1.682
10 »	1.422	1.545	1.652	1.702	1.470	1.571	1.688	1.858
11 »	1.564	1.700	1.817	1.872	1.617	1.728	1.857	2.034
12 »	1.706	1.854	1.982	2.042	1.764	1.885	2.026	2.210
13 »	1.849	2.009	2.148	2.213	1.911	2.042	2.194	2.385
14 »	1.991	2.163	2.313	2.383	2.058	2.199	2.363	2.561
15 »	2.133	2.318	2.478	2.553	2.205	2.357	2.532	2.737
16 »	2.275	2.472	2.643	2.723	2.352	2.514	2.701	2.913
17 »	2.417	2.627	2.808	2.893	2.499	2.671	2.870	3.089
18 »	2.560	2.781	2.974	3.064	2.646	2.828	3.038	3.264
19 »	2.702	2.936	3.139	3.234	2.793	2.985	3.207	3.440
20 »	2.844	3.090	3.304	3.404	2.940	3.142	3.376	3.616
21 »	2.986	3.245	3.469	3.574	3.087	3.299	3.545	3.792
22 »	3.128	3.399	3.634	3.744	3.234	3.456	3.714	3.968
23 »	3.271	3.554	3.800	3.915	3.381	3.613	3.882	4.143
24 »	3.413	3.708	3.965	4.085	3.528	3.770	4.051	4.319
25 »	3.555	3.863	4.130	4.255	3.675	3.928	4.220	4.495

LONGUEUR.	CIRCONFÉRENCE, 195 c. DIAMÈTRE, 62 centimèt.				CIRCONFÉRENCE, 198 c. DIAMÈTRE, 63 centimèt.			
	5e déduit.	6e déduit.	7e déduit.	8e déduit.	5e déduit.	6e déduit.	7e déduit.	8e déduit.
m. d.	m. d.	m. d.	m. d.	m. d.	m. d.	m. d.	m. d.	m. d.
2	30	33	35	36	31	34	36	38
4	61	66	70	73	63	68	72	75
6	91	99	105	109	94	102	108	113
8	121	132	139	145	125	136	144	150
1 »	152	165	174	182	157	170	180	188
2 »	304	330	349	363	314	340	360	375
3 »	455	494	523	545	470	511	540	563
4 »	607	659	697	727	627	681	720	750
5 »	759	824	872	909	784	851	900	938
6 »	911	989	1.046	1.090	941	1.021	1.080	1.125
7 »	1.063	1.154	1.220	1.272	1.098	1.191	1.260	1.313
8 »	1.214	1.318	1.394	1.454	1.254	1.362	1.440	1.500
9 »	1.366	1.483	1.569	1.635	1.411	1.532	1.620	1.688
10 »	1.518	1.648	1.743	1.817	1.568	1.702	1.800	1.875
11 »	1.670	1.813	1.917	1.999	1.725	1.872	1.980	2.063
12 »	1.822	1.978	2.092	2.180	1.882	2.042	2.160	2.250
13 »	1.973	2.142	2.266	2.362	2.038	2.213	2.340	2.438
14 »	2.125	2.307	2.440	2.544	2.195	2.383	2.520	2.625
15 »	2.277	2.472	2.615	2.726	2.352	2.553	2.700	2.813
16 »	2.429	2.637	2.789	2.907	2.509	2.723	2.880	3. »
17 »	2.584	2.802	2.963	3.089	2.666	2.893	3.060	3.188
18 »	2.732	2.966	3.137	3.271	2.822	3.064	3.240	3.375
19 »	2.884	3.131	3.312	3.452	2.979	3.234	3.420	3.563
20 »	3.036	3.296	3.486	3.634	3.136	3.404	3.600	3.750
21 »	3.188	3.461	3.660	3.816	3.293	3.574	3.780	3.938
22 »	3.340	3.626	3.835	3.997	3.450	3.744	3.960	4.125
23 »	3.491	3.790	4.009	4.179	3.606	3.915	4.140	4.313
24 »	3.643	3.955	4.183	4.361	3.763	4.085	4.320	4.500
25 »	3.795	4.120	4.358	4.543	3.920	4.255	4.500	4.688

LONGUEUR.	CIRCONFÉRENCE , 201 c. DIAMÈTRE, 64 centimèt.				CIRCONFÉRENCE , 204 c. DIAMÈTRE, 65 centimèt.			
	5ᵉ déduit.	6ᵉ déduit.	7ᵉ déduit.	8ᵉ déduit.	5ᵉ déduit.	6ᵉ déduit.	7ᵉ déduit.	8ᵉ déduit.
m. d.	m. d.	m. d.	m. d.	m. d.	m. d.	m. d.	m. d.	m. d.
2	32	35	37	39	33	36	38	40
4	65	70	74	77	67	72	77	80
6	97	105	111	116	100	109	115	120
8	129	140	149	155	134	145	153	160
1 »	162	176	186	194	167	181	192	200
2 »	324	351	372	387	334	362	383	399
3 »	485	527	557	581	501	543	575	599
4 »	647	702	743	774	668	724	766	799
5 »	809	878	929	968	835	906	958	999
6 »	971	1.053	1.115	1.162	1.001	1.087	1.150	1.198
7 »	1.133	1.229	1.301	1.355	1.168	1.268	1.341	1.398
8 »	1.294	1.404	1.486	1.549	1.335	1.449	1.533	1.598
9 »	1.456	1.580	1.672	1.742	1.502	1.630	1.724	1.797
10 »	1.618	1.755	1.858	1.936	1.669	1.811	1.916	1.997
11 »	1.780	1.931	2.044	2.130	1.836	1.992	2.108	2.197
12 »	1.942	2.106	2.230	2.323	2.003	2.173	2.299	2.396
13 »	2.103	2.282	2.415	2.517	2.270	2.354	2.491	2.596
14 »	2.265	2.457	2.601	2.710	2.437	2.535	2.682	2.796
15 »	2.427	2.633	2.787	2.904	2.604	2.717	2.874	2.996
16 »	2.589	2.808	2.973	3.098	2.770	2.898	3.066	3.195
17 »	2.751	2.984	3.159	3.291	2.937	3.079	3.257	3.395
18 »	2.912	3.159	3.344	3.485	3.104	3.260	3.449	3.595
19 »	3.074	3.335	3.530	3.678	3.271	3.441	3.640	3.794
20 »	3.236	3.510	3.716	3.872	3.438	3.622	3.832	3.994
21 »	3.398	3.686	3.902	4.066	3.605	3.803	4.024	4.194
22 »	3.560	3.861	4.088	4.259	3.772	3.984	4.215	4.393
23 »	3.724	4.037	4.273	4.453	3.969	4.165	4.407	4.593
24 »	3.883	4.212	4.459	4.646	4.106	4.346	4.598	4.793
25 »	4.045	4.388	4.645	4.840	4.273	4.528	4.790	4.993

LONGUEUR	CIRCONFÉRENCE, 207 c. DIAMÈTRE, 66 centimèt.				CIRCONFÉRENCE, 211 c. DIAMÈTRE, 67 centimèt.			
	5ᵉ déduit.	6ᵉ déduit.	7ᵉ déduit.	8ᵉ déduit.	5ᵉ déduit.	6ᵉ déduit.	7ᵉ déduit.	8ᵉ déduit
m. d.	m. d.	m. d.	m. d.	m. d.	m. d.	m. d.	m. d.	m. d.
2	34	37	40	41	35	38	41	42
4	69	75	79	82	71	77	84	85
6	103	112	119	124	106	115	122	127
8	138	149	158	165	142	154	163	170
1 »	172	187	198	206	177	192	204	212
2 »	344	373	395	412	355	385	407	424
3 »	516	560	593	618	532	577	611	637
4 »	688	746	790	824	710	770	814	849
5 »	861	933	988	1.030	887	962	1.018	1.061
6 »	1.033	1.120	1.186	1.235	1.064	1.154	1.222	1.273
7 »	1.205	1.306	1.383	1.444	1.242	1.347	1.425	1.485
8 »	1.377	1.493	1.581	1.647	1.419	1.539	1.629	1.698
9 »	1.549	1.679	1.778	1.853	1.597	1.732	1.832	1.910
10 »	1.721	1.866	1.976	2.059	1.774	1.924	2.036	2.122
11 »	1.893	2.053	2.174	2.165	1.951	2.116	2.240	2.334
12 »	2.065	2.239	2.371	2.471	2.129	2.309	2.443	2.546
13 »	2.237	2.426	2.569	2.677	2.306	2.501	2.647	2.759
14 »	2.409	2.613	2.766	2.883	2.484	2.694	2.850	2.971
15 »	2.582	2.799	2.964	3.089	2.661	2.886	3.054	3.183
16 »	2.754	2.986	3.162	3.294	2.838	3.078	3.258	3.395
17 »	2.926	3.172	3.359	3.500	3.016	3.271	3.461	3.607
18 »	3.098	3.359	3.557	3.706	3.193	3.463	3.665	3.820
19 »	3.270	3.545	3.754	3.912	3.371	3.656	3.868	4.032
20 »	3.442	3.732	3.952	4.118	3.548	3.848	4.072	4.244
21 »	3.616	3.919	4.150	4.324	3.726	4.040	4.276	4.456
22 »	3.788	4.105	4.347	4.530	3.903	4.233	4.479	4.668
23 »	3.960	4.292	4.545	4.736	4.080	4.425	4.683	4.881
24 »	4.132	4.478	4.742	4.942	4.258	4.618	4.886	5.093
25 »	4.305	4.665	4.940	5.148	4.435	4.810	5.090	5.305

LONGUEUR.	CIRCONFÉRENCE, 214 c. DIAMÈTRE, 68 centimèt.				CIRCONFÉRENCE, 217 c. DIAMÈTRE, 69 centimèt.			
	5e déduit.	6e déduit.	7e déduit.	8e déduit.	5e déduit.	6e déduit.	7e déduit.	8e déduit
m. d.	m. d.	m. d.	m. d.	m. d.	m. d.	m. d.	m. d.	m. d.
2	37	40	42	44	38	41	43	45
4	73	79	84	87	75	82	86	90
6	110	119	126	131	113	122	130	134
8	146	159	168	175	150	163	173	179
1 »	183	198	210	219	188	204	216	224
2 »	365	396	419	439	376	408	432	448
3 »	548	595	629	658	564	612	648	671
4 »	730	793	839	878	752	816	864	895
5 »	913	991	1.049	1.097	941	1.021	1.080	1.119
6 »	1.096	1.189	1.258	1.317	1.129	1.225	1.295	1.343
7 »	1.278	1.387	1.468	1.536	1.317	1.429	1.511	1.567
8 »	1.461	1.586	1.678	1.756	1.505	1.633	1.727	1.790
9 »	1.643	1.784	1.887	1.975	1.693	1.837	1.943	2.014
10 »	1.826	1.982	2.097	2.195	1.881	2.041	2.159	2.238
11 »	2.009	2.180	2.307	2.414	2.069	2.245	2.375	2.462
12 »	2.191	2.378	2.516	2.634	2.257	2.449	2.591	2.686
13 »	2.374	2.577	2.726	2.853	2.445	2.653	2.807	2.909
14 »	2.556	2.775	2.936	3.073	2.633	2.857	3.023	3.133
15 »	2.739	2.973	3.146	3.292	2.822	3.062	3.239	3.357
16 »	2.922	3.171	3.355	3.512	3.010	3.266	3.454	3.581
17 »	3.104	3.369	3.565	3.731	3.198	3.470	3.670	3.805
18 »	3.287	3.568	3.775	3.951	3.386	3.674	3.886	4.028
19 »	3.469	3.766	3.984	4.170	3.574	3.878	4.102	4.252
20 »	3.652	3.964	4.194	4.390	3.762	4.082	4.318	4.476
21 »	3.835	4.162	4.404	4.609	3.950	4.286	4.534	4.700
22 »	4.017	4.360	4.613	4.829	4.138	4.490	4.750	4.924
23 »	4.200	4.559	4.823	5.048	4.316	4.694	4.966	5.147
24 »	4.382	4.757	5.033	5.268	4.504	4.898	5.182	5.371
25 »	4.565	4.955	5.243	5.487	4.693	5.103	5.398	5.595

LONGUEUR.	CIRCONFÉRENCE , 220 c. DIAMÈTRE , 70 centimèt.				CIRCONFÉRENCE , 223 c. DIAMÈTRE , 71 centimèt.			
	5° déduit.	6° déduit.	7° déduit.	8° déduit.	5° déduit.	6° déduit.	7° déduit.	8° déduit.
m. d.	m. d.	m. d.	m. d.	m. d.	m. d.	m. d.	m. d.	m. d.
2	39	42	44	46	40	43	46	48
4	77	84	89	93	80	86	91	96
6	116	126	133	139	119	130	137	143
8	155	168	178	185	159	173	183	191
1 »	194	210	222	232	199	216	229	239
2 »	387	420	444	463	398	432	457	478
3 »	581	630	667	695	597	648	686	718
4 »	774	840	889	926	796	864	914	957
5 »	968	1.050	1.111	1.158	996	1.081	1.143	1.196
6 »	1.162	1.260	1.333	1.390	1.195	1.297	1.372	1.435
7 »	1.355	1.470	1.555	1.611	1.394	1.513	1.600	1.674
8 »	1.549	1.680	1.778	1.853	1.593	1.729	1.829	1.914
9 »	1.742	1.890	2. »	2.084	1.792	1.945	2.057	2.153
10 »	1.936	2.100	2.222	2.316	1.991	2.161	2.286	2.392
11 »	2.130	2.310	2.444	2.548	2.190	2.377	2.515	2.631
12 »	2.323	2.520	2.666	2.779	2.389	2.593	2.743	2.870
13 »	2.517	2.730	2.889	3.011	2.588	2.809	2.972	3.110
14 »	2.710	2.940	3.111	3.242	2.787	3.025	3.200	3.349
15 »	2.904	3.150	3.333	3.474	2.987	3.242	3.429	3.588
16 »	3.098	3.360	3.555	3.706	3.186	3.458	3.658	3.827
17 »	3.291	3.570	3.777	3.937	3.385	3.674	3.886	4.066
18 »	3.485	3.780	4. »	4.169	3.584	3.890	4.115	4.306
19 »	3.678	3.990	4.222	4.400	3.783	4.106	4.343	4.545
20 »	3.872	4.200	4.444	4.632	3.982	4.322	4.572	4.784
21 »	4.066	4.410	4.666	4.864	4.181	4.538	4.801	5.023
22 »	4.259	4.620	4.888	5.095	4.380	4.754	5.029	5.262
23 »	4.453	4.830	5.111	5.327	4.579	4.970	5.258	5.502
24 »	4.646	5.040	5.333	5.558	4.778	5.186	5.486	5.741
25 »	4.840	5.250	5.555	5.790	4.978	5.403	5.715	5.980

LONGUEUR.	CIRCONFÉRENCE, 226 c. DIAMÈTRE, 72 centimèt.				CIRCONFÉRENCE, 229 c. DIAMÈTRE, 73 centimèt.			
	5e déduit.	6e déduit.	7e déduit.	8e déduit.	5e déduit.	6e déduit.	7e déduit.	8e déduit.
m. d.	m. d.	m. d.	m. d.	m. d.	m. d.	m. d.	m. d.	m. d.
2	41	44	47	49	42	46	48	50
4	82	89	94	98	84	91	96	101
6	123	133	141	147	126	137	145	151
8	164	178	188	196	168	183	193	202
1 »	205	222	235	245	211	228	241	252
2 »	410	444	469	490	421	457	482	504
3 »	614	667	704	735	632	685	724	756
4 »	819	889	938	980	842	914	965	1.008
5 »	1.024	1.111	1.173	1.225	1.053	1.142	1.206	1.260
6 »	1.229	1.333	1.407	1.470	1.263	1.370	1.447	1.511
7 »	1.434	1.555	1.642	1.715	1.474	1.599	1.688	1.763
8 »	1.638	1.778	1.876	1.960	1.684	1.827	1.930	2.015
9 »	1.843	2. »	2.111	2.205	1.895	2.056	2.171	2.267
10 »	2.048	2.222	2.345	2.450	2.105	2.284	2.412	2.519
11 »	2.253	2.444	2.580	2.695	2.316	2.512	2.653	2.771
12 »	2.458	2.666	2.814	2.940	2.526	2.741	2.894	3.023
13 »	2.662	2.889	3.049	3.185	2.737	2.969	3.136	3.275
14 »	2.867	3.111	3.283	3.430	2.947	3.198	3.377	3.527
15 »	3.072	3.333	3.518	3.675	3.158	3.426	3.618	3.779
16 »	3.277	3.555	3.752	3.920	3.368	3.654	3.859	4.030
17 »	3.482	3.777	3.987	4.165	3.579	3.883	4.100	4.282
18 »	3.686	4. »	4.221	4.410	3.789	4.111	4.342	4.534
19 »	3.891	4.222	4.456	4.655	4. »	4.340	4.583	4.780
20 »	4.096	4.444	4.690	4.900	4.210	4.568	4.824	5.038
21 »	4.301	4.666	4.925	5.145	4.421	4.796	5.065	5.200
22 »	4.506	4.888	5.159	5.390	4.631	5.025	5.306	5.542
23 »	4.710	5.111	5.394	5.635	4.842	5.253	5.548	5.704
24 »	4.915	5.333	5.628	5.880	5.052	5.482	5.789	6.046
25 »	5.120	5.555	5.863	6.125	5.263	5.710	6.030	6.298

13*

LONGUEUR.	CIRCONFÉRENCE, 233 c. DIAMÈTRE, 74 centimèt.				CIRCONFÉRENCE, 236 c. DIAMÈTRE, 75 centimèt.			
	5e déduit.	6e déduit.	7e déduit.	8e déduit	5e déduit.	6e déduit.	7e déduit.	8e déduit.
m. d.	m. d.	m. d.	m. d.	m. d.	m. d.	m. d.	m. d.	m. d.
2	43	47	50	52	44	48	51	53
4	87	94	99	104	89	96	102	105
6	130	141	149	155	133	145	153	158
8	173	188	199	207	178	193	204	211
1 »	216	235	248	259	222	241	255	263
2 »	433	470	497	518	444	482	510	527
3 »	649	705	745	776	667	724	765	790
4 »	865	940	993	1.035	889	965	1.020	1.053
5 »	1.082	1.176	1.242	1.294	1.111	1.206	1.276	1.314
6 »	1.298	1.411	1.490	1.553	1.333	1.447	1.531	1.580
7 »	1.514	1.646	1.738	1.812	1.555	1.688	1.786	1.843
8 »	1.730	1.881	1.986	2.070	1.778	1.930	2.041	2.106
9 »	1.947	2.116	2.235	2.329	2. »	2.171	2.296	2.370
10 »	2.163	2.354	2.483	2.588	2.222	2.412	2.551	2.633
11 »	2.379	2.586	2.731	2.847	2.444	2.653	2.806	2.896
12 »	2.596	2.821	2.980	3.106	2.666	2.894	3.061	3.160
13 »	2.812	3.056	3.228	3.364	2.889	3.136	3.316	3.423
14 »	3.028	3.291	3.476	3.623	3.111	3.377	3.571	3.686
15 »	3.245	3.527	3.725	3.882	3.333	3.618	3.827	3.950
16 »	3.461	3.762	3.973	4.141	3.555	3.859	4.082	4.213
17 »	3.677	3.997	4.221	4.400	3.777	4.100	4.337	4.476
18 »	3.893	4.232	4.469	4.658	4. »	4.342	4.592	4.739
19 »	4.110	4.467	4.718	4.917	4.222	4.583	4.847	5.003
20 »	4.326	4.702	4.966	5.176	4.444	4.824	5.102	5.266
21 »	4.542	4.937	5.214	5.435	4.666	5.065	5.357	5.529
22 »	4.759	5.172	5.463	5.694	4.888	5.306	5.612	5.703
23 »	4.975	5.407	5.711	5.952	5.111	5.548	5.867	6.056
24 »	5.191	5.642	5.959	6.211	5.333	5.789	6.122	6.319
25 »	5.408	5.878	6.208	6.470	5.555	6.030	6.378	6.583

LONGUEUR.	CIRCONFÉRENCE, 239 c. DIAMÈTRE, 76 centimèt.				CIRCONFÉRENCE, 242 c. DIAMÈTRE, 77 centimèt.			
	5° déduit.	6° déduit.	7° déduit.	8° déduit.	5° déduit.	6° déduit.	7° déduit.	8° déduit.
m. d.	m. d.	m. d.	m. d.	m. d.	m. d.	m. d.	m. d.	m. d.
2	46	50	52	55	47	51	54	56
4	91	99	105	109	94	102	108	112
6	137	149	157	164	141	153	161	168
8	183	198	210	218	187	203	215	224
1 »	228	248	262	273	234	254	269	280
2 »	456	495	524	546	468	508	538	560
3 »	685	743	786	819	703	763	806	841
4 »	913	990	1.048	1.092	937	1.017	1.075	1.121
5 »	1.141	1.238	1.310	1.365	1.171	1.271	1.344	1.401
6 »	1.369	1.486	1.572	1.638	1.405	1.525	1.613	1.681
7 »	1.597	1.733	1.834	1.911	1.639	1.779	1.882	1.961
8 »	1.826	1.981	2.096	2.184	1.874	2.034	2.150	2.242
9 »	2.054	2.228	2.358	2.457	2.108	2.288	2.419	2.522
10 »	2.282	2.476	2.620	2.730	2.342	2.542	2.688	2.802
11 »	2.510	2.724	2.882	3.003	2.576	2.796	2.957	3.082
12 »	2.738	2.971	3.144	3.276	2.810	3.050	3.226	3.362
13 »	2.967	3.219	3.406	3.549	3.045	3.305	3.494	3.643
14 »	3.195	3.466	3.668	3.822	3.279	3.559	3.763	3.923
15 »	3.423	3.714	3.930	4.095	3.513	3.813	4.032	4.203
16 »	3.651	3.962	4.192	4.368	3.747	4.067	4.301	4.483
17 »	3.879	4.209	4.454	4.641	3.981	4.321	4.570	4.763
18 »	4.108	4.457	4.716	4.914	4.216	4.576	4.838	5.044
19 »	4.336	4.704	4.978	5.187	4.450	4.830	5.107	5.324
20 »	4.564	4.952	5.240	5.460	4.684	5.084	5.376	5.604
21 »	4.792	5.200	5.502	5.733	4.918	5.338	5.645	5.884
22 »	5.020	5.447	5.764	6.006	5.152	5.592	5.914	6.164
23 »	5.249	5.695	6.026	6.279	5.387	5.847	6.182	6.445
24 »	5.477	5.942	6.288	6.552	5.621	6.101	6.451	6.725
25 »	5.705	6.190	6.550	6.825	5.855	6.355	6.720	7.005

LONGUEUR.	CIRCONFÉRENCE, 245 c. DIAMÈTRE, 78 centimèt.				CIRCONFÉRENCE, 248 c. DIAMÈTRE, 79 centimèt.			
	5ᵉ déduit.	6ᵉ déduit.	7ᵉ déduit.	8ᵉ déduit.	5ᵉ déduit.	6ᵉ déduit.	7ᵉ déduit.	8ᵉ déduit.
m. d.	m. d.	m. d.	m. d.	m. d.	m. d.	m. d.	m. d.	m. d.
2	48	52	55	58	49	53	57	59
4	96	104	110	115	99	107	113	118
6	144	156	166	173	148	160	170	177
8	192	208	221	230	197	214	226	236
1 »	240	261	276	288	247	267	283	295
2 »	481	521	552	575	493	535	566	590
3 »	721	782	828	863	740	802	849	885
4 »	962	1.042	1.104	1.150	986	1.069	1.132	1.180
5 »	1.202	1.303	1.380	1.438	1.233	1.337	1.416	1.475
6 »	1.442	1.564	1.655	1.725	1.479	1.604	1.699	1.770
7 »	1.683	1.824	1.931	2.013	1.726	1.871	1.982	2.065
8 »	1.923	2.085	2.207	2.300	1.972	2.138	2.265	2.360
9 »	2.164	2.345	2.483	2.588	2.219	2.406	2.548	2.655
10 »	2.404	2.606	2.759	2.875	2.465	2.673	2.831	2.950
11 »	2.644	2.867	3.035	3.163	2.712	2.940	3.114	3.245
12 »	2.885	3.127	3.311	3.450	2.958	3.208	3.397	3.540
13 »	3.125	3.388	3.587	3.738	3.205	3.475	3.680	3.835
14 »	3.366	3.648	3.863	4.025	3.451	3.742	3.963	4.130
15 »	3.606	3.909	4.139	4.313	3.698	4.010	4.247	4.425
16 »	3.846	4.170	4.414	4.600	3.944	4.277	4.530	4.720
17 »	4.087	4.430	4.690	4.888	4.191	4.544	4.813	5.015
18 »	4.327	4.691	4.966	5.175	4.437	4.811	5.096	5.310
19 »	4.568	4.951	5.242	5.463	4.684	5.079	5.379	5.605
20 »	4.808	5.212	5.518	5.750	4.930	5.346	5.662	5.900
21 »	5.048	5.473	5.794	6.038	5.177	5.613	5.945	6.195
22 »	5.289	5.733	6.070	6.325	5.423	5.884	6.228	6.490
23 »	5.529	5.994	6.346	6.613	5.670	6.148	6.511	6.785
24 »	5.770	6.254	6.622	6.900	5.916	6.415	6.794	7.080
25 »	6.010	6.515	6.898	7.188	6.163	6.683	7.078	7.375

LONGUEUR.	CIRCONFÉRENCE, 251 c. DIAMÈTRE, 80 centimèt.				CIRCONFÉRENCE, 255 c. DIAMÈTRE, 81 centimèt.			
	5e déduit.	6e déduit.	7e déduit.	8e déduit.	5e déduit.	6e déduit.	7e déduit.	8e déduit.
m. d.	m. d.	m. d.	m. d.	m. d.	m. d.	m. d.	m. d.	m. d.
2	51	54	58	61	52	56	59	62
4	101	109	115	121	104	113	119	124
6	152	163	173	182	155	169	178	186
8	202	218	230	242	207	225	238	248
1 »	253	272	288	303	259	281	297	310
2 »	506	545	576	605	518	563	595	620
3 »	759	817	863	908	777	844	892	930
4 »	1.012	1.091	1.151	1.210	1.026	1.125	1.189	1.240
5 »	1.265	1.362	1.439	1.513	1.296	1.407	1.487	1.551
6 »	1.517	1.634	1.727	1.815	1.555	1.688	1.784	1.861
7 »	1.770	1.907	2.015	2.118	1.814	1.969	2.081	2.171
8 »	2.023	2.179	2.302	2.420	2.073	2.250	2.378	2.481
9 »	2.276	2.452	2.590	2.723	2.332	2.532	2.676	2.791
10 »	2.529	2.724	2.878	3.025	2.591	2.813	2.973	3.101
11 »	2.782	2.996	3.166	3.328	2.850	3.094	3.270	3.411
12 »	3.035	3.269	3.454	3.630	3.109	3.376	3.568	3.721
13 »	3.288	3.541	3.744	3.933	3.368	3.657	3.865	4.031
14 »	3.541	3.814	4.029	4.235	3.627	3.938	4.162	4.341
15 »	3.794	4.086	4.317	4.538	3.887	4.220	4.460	4.652
16 »	4.046	4.358	4.605	4.840	4.146	4.501	4.757	4.962
17 »	4.299	4.631	4.893	5.143	4.405	4.782	5.054	5.272
18 »	4.552	4.903	5.180	5.445	4.664	5.063	5.351	5.582
19 »	4.805	5.176	5.468	5.748	4.923	5.345	5.649	5.892
20 »	5.058	5.448	5.756	6.050	5.182	5.626	5.946	6.202
21 »	5.311	5.720	6.044	6.353	5.441	5.907	6.243	6.512
22 »	5.564	5.993	6.332	6.655	5.700	6.189	6.541	6.822
23 »	5.817	6.265	6.619	6.958	5.959	6.470	6.838	7.132
24 »	6.070	6.538	6.907	7.260	6.248	6.751	7.135	7.442
25 »	6.323	6.810	7.195	7.563	6.678	7.033	7.433	7.753

LONGUEUR.	CIRCONFÉRENCE, 258 c. DIAMÈTRE, 82 centimèt.				CIRCONFÉRENCE, 261 c. DIAMÈTRE, 83 centimèt.			
	5e déduit.	6e déduit.	7e déduit.	8e déduit.	5e déduit.	6e déduit.	7e déduit.	8e déduit.
m. d.	m. d.	m. d.	m. d.	m. d.	m. d.	m. d.	m. d.	m. d.
2	53	58	61	64	54	59	62	65
4	106	115	122	127	109	118	124	130
6	159	173	183	191	163	177	186	195
8	212	231	244	254	218	236	248	260
1 »	265	288	305	318	272	295	310	326
2 »	531	576	610	636	544	591	619	651
3 »	797	865	915	953	817	886	929	977
4 »	1.062	1.153	1.220	1.271	1.089	1.181	1.239	1.302
5 »	1.328	1.441	1.525	1.589	1.361	1.477	1.549	1.628
6 »	1.594	1.729	1.830	1.907	1.633	1.772	1.858	1.954
7 »	1.859	2.017	2.135	2.225	1.905	2.067	2.168	2.279
8 »	2.125	2.306	2.440	2.542	2.178	2.362	2.478	2.605
9 »	2.390	2.594	2.745	2.860	2.450	2.658	2.787	2.930
10 »	2.656	2.882	3.050	3.178	2.722	2.953	3.097	3.256
11 »	2.922	3.170	3.355	3.496	2.994	3.248	3.407	3.582
12 »	3.187	3.458	3.660	3.814	3.266	3.544	3.716	3.907
13 »	3.453	3.747	3.965	4.131	3.539	3.839	4.026	4.233
14 »	3.718	4.035	4.270	4.449	3.811	4.134	4.336	4.558
15 »	3.984	4.323	4.575	4.767	4.083	4.430	4.646	4.884
16 »	4.250	4.611	4.880	5.085	4.355	4.725	4.955	5.210
17 »	4.515	4.899	5.185	5.403	4.627	5.020	5.265	5.535
18 »	4.781	5.188	5.490	5.720	4.900	5.315	5.575	5.861
19 »	5.046	5.476	5.795	6.038	5.172	5.611	5.884	6.186
20 »	5.312	5.764	6.100	6.356	5.444	5.906	6.194	6.512
21 »	5.578	6.052	6.405	6.674	5.716	6.201	6.504	6.838
22 »	5.843	6.340	6.710	6.992	5.988	6.497	6.813	7.163
23 »	6.109	6.629	7.015	7.309	6.261	6.792	7.123	7.489
24 »	6.374	6.917	7.320	7.627	6.533	7.087	7.433	7.814
25 »	6.640	7.205	7.625	7.945	6.805	7.383	7.743	8.140

LONGUEUR.	CIRCONFÉRENCE, 264 c. DIAMÈTRE, 84 centimèt.				CIRCONFÉRENCE, 267 c. DIAMÈTRE, 85 centimèt.			
	5e déduit.	6e déduit.	7e déduit.	8e déduit.	5e déduit.	6e déduit.	7e déduit.	8e déduit.
m. d.	m. d.	m. d.	m. d.	m. d.	m. d.	m. d.	m. d.	m. d.
2	55	61	64	67	57	62	66	8
4	111	121	128	133	114	124	131	137
6	166	182	192	200	171	186	197	205
8	221	242	256	267	228	248	262	273
1 »	276	303	321	334	285	310	328	342
2 »	553	605	641	667	571	619	655	683
3 »	829	908	962	1.004	856	929	983	1.025
4 »	1.105	1.210	1.282	1.334	1.142	1.239	1.311	1.366
5 »	1.382	1.513	1.603	1.668	1.427	1.549	1.639	1.708
6 »	1.658	1.815	1.923	2.001	1.712	1.858	1.966	2.049
7 »	1.934	2.118	2.244	2.335	1.998	2.168	2.294	2.391
8 »	2.210	2.420	2.564	2.668	2.283	2.478	2.622	2.732
9 »	2.487	2.723	2.885	3.002	2.569	2.787	2.949	3.074
10 »	2.763	3.025	3.205	3.335	2.854	3.097	3.277	3.415
11 »	3.039	3.328	3.526	3.669	3.139	3.407	3.605	3.757
12 »	3.316	3.630	3.846	4.002	3.425	3.716	3.932	4.098
13 »	3.592	3.933	4.167	4.336	3.710	4.026	4.200	4.440
14 »	3.868	4.235	4.487	4.669	3.996	4.336	4.588	4.781
15 »	4.145	4.538	4.808	5.003	4.281	4.646	4.916	5.123
16 »	4.421	4.840	5.128	5.336	4.566	4.955	5.243	5.464
17 »	4.697	5.143	5.449	5.670	4.852	5.265	5.571	5.806
18 »	4.973	5.445	5.769	6.003	5.137	5.575	5.899	6.147
19 »	5.250	5.748	6.090	6.337	5.423	5.884	6.226	6.489
20 »	5.526	6.050	6.410	6.670	5.708	6.194	6.554	6.830
21 »	5.802	6.353	6.731	7.004	5.993	6.504	6.882	7.172
22 »	6.079	6.655	7.051	7.337	6.279	6.813	7.209	7.513
23 »	6.355	6.958	7.372	7.671	6.564	7.123	7.537	7.855
24 »	6.631	7.260	7.692	8.004	6.850	7.433	7.865	8.196
25 »	6.908	7.563	8.013	8.338	7.135	7.743	8.193	8.538

LONGUEUR.	CIRCONFÉRENCE, 270 c. DIAMÈTRE, 86 centimèt.				CIRCONFÉRENCE, 273 c. DIAMÈTRE, 87 centimèt.			
	5e déduit.	6e déduit.	7e déduit.	8e déduit.	5e déduit.	6e déduit.	7e déduit.	8e déduit.
m. d.	m. d.	m. d.	m. d.	m. d.	m. d.	m. d.	m. d.	m. d.
2	58	63	67	70	60	65	68	72
4	117	127	134	140	120	130	136	143
6	175	190	201	210	179	195	204	215
8	234	254	268	280	239	260	272	286
1 »	292	317	335	350	299	324	340	358
2 »	584	634	671	699	598	649	681	715
3 »	877	951	1.006	1.049	897	973	1.021	1.073
4 »	1.169	1.268	1.342	1.398	1.196	1.298	1.362	1.431
5 »	1.461	1.585	1.677	1.748	1.495	1.622	1.702	1.789
6 »	1.753	1.902	2.012	2.098	1.794	1.946	2.042	2.146
7 »	2.045	2.219	2.348	2.447	2.093	2.271	2.383	2.504
8 »	2.338	2.536	2.683	2.797	2.392	2.595	2.723	2.862
9 »	2.630	2.853	3.019	3.146	2.691	2.920	3.064	3.219
10 »	2.922	3.170	3.354	3.496	2.990	3.244	3.404	3.577
11 »	3.214	3.487	3.689	3.846	3.289	3.568	3.744	3.935
12 »	3.506	3.804	4.025	4.195	3.588	3.893	4.085	4.292
13 »	3.799	4.121	4.360	4.545	3.887	4.217	4.425	4.650
14 »	4.091	4.438	4.696	4.894	4.186	4.542	4.766	5.008
15 »	4.383	4.755	5.031	5.244	4.485	4.866	5.106	5.366
16 »	4.675	5.072	5.366	5.594	4.784	5.190	5.446	5.723
17 »	4.967	5.389	5.702	5.943	5.083	5.515	5.787	6.081
18 »	5.260	5.706	6.037	6.293	5.382	5.839	6.127	6.439
19 »	5.552	6.023	6.373	6.642	5.681	6.164	6.468	6.796
20 »	5.844	6.340	6.708	6.992	5.980	6.488	6.808	7.154
21 »	6.136	6.657	7.043	7.342	6.279	6.812	7.148	7.512
22 »	6.428	6.974	7.379	7.691	6.578	7.137	7.489	7.869
23 »	6.721	7.291	7.714	8.041	6.877	7.461	7.829	8.227
24 »	7.013	7.608	8.051	8.390	7.176	7.786	8.170	8.585
25 »	7.305	7.925	8.385	8.740	7.475	8.110	8.510	8.943

LONGUEUR.	CIRCONFÉRENCE, 277 c. DIAMÈTRE, 88 centimèt.				CIRCONFÉRENCE, 280 c. DIAMÈTRE, 89 centimèt.			
	5ᵉ déduit.	6ᵉ déduit.	7ᵉ déduit.	8ᵉ déduit.	5ᵉ déduit.	6ᵉ déduit.	7ᵉ déduit.	8ᵉ déduit.
m. d.	m. d.	m. d.	m. d.	m. d.	m. d.	m. d.	m. d.	m. d.
2	61	66	70	73	62	68	72	7?
4	123	133	140	146	125	136	144	150
6	184	199	211	220	187	204	216	22?
8	245	266	281	283	250	272	287	300
1 »	306	332	351	366	312	340	359	374
2 »	612	664	702	732	625	679	718	749
3 »	918	994	1.054	1.098	937	1.019	1.078	1.123
4 »	1.224	1.328	1.405	1.464	1.249	1.358	1.437	1.498
5 »	1.530	1.660	1.756	1.830	1.562	1.698	1.796	1.872
6 »	1.836	1.992	2.107	2.196	1.874	2.038	2.155	2.246
7 »	2.142	2.324	2.458	2.562	2.186	2.377	2.544	2.621
8 »	2.448	2.656	2.810	2.928	2.498	2.717	2.874	2.99?
9 »	2.754	2.988	3.161	3.294	2.811	3.056	3.233	3.370
10 »	3.060	3.320	3.512	3.660	3.423	3.396	3.592	3.744
11 »	3.366	3.652	3.863	4.026	3.435	3.736	3.954	4.118
12 »	3.672	3.984	4.214	4.392	3.748	4.075	4.310	4.493
13 »	3.978	4.316	4.566	4.758	4.060	4.445	4.670	4.867
14 »	4.284	4.648	4.917	5.124	4.372	4.754	5.029	5.242
15 »	4.590	4.980	5.268	5.490	4.685	5.094	5.388	5.616
16 »	4.896	5.312	5.619	5.856	4.997	5.434	5.747	5.990
17 »	5.202	5.644	5.970	6.222	5.309	5.773	6.106	6.365
18 »	5.508	5.976	6.322	6.588	5.621	6.113	6.466	6.739
19 »	5.814	6.308	6.773	6.954	5.934	6.452	6.825	7.114
20 »	6.120	6.640	7.024	7.320	6.246	6.792	7.184	7.488
21 »	6.426	6.972	7.375	7.686	6.558	7.132	7.543	7.862
22 »	6.732	7.304	7.726	8.052	6.871	7.474	7.902	8.237
23 »	7.038	7.636	8.078	8.418	7.183	7.811	8.262	8.611
24 »	7.344	7.968	8.429	8.784	7.495	8.150	8.621	8.986
25 »	7.650	8.300	8.780	9.150	7.808	8.490	8.980	9.360

LONGUEUR.	CIRCONFÉRENCE, 283 c. DIAMÈTRE, 90 centimèt.				CIRCONFÉRENCE, 286 c. DIAMÈTRE, 91 centimèt.			
	5e déduit.	6e déduit.	7e déduit.	8e déduit.	5e déduit.	6e déduit.	7e déduit.	8e déduit.
m. d.	m. d.	m. d.	m. d.	m. d.	m. d.	m. d.	m. d.	m. d.
2	64	69	73	77	65	71	75	78
4	128	139	147	153	131	142	150	157
6	192	208	220	230	196	213	225	235
8	256	278	294	306	262	284	300	313
1 »	320	347	367	383	327	355	376	391
2 »	640	694	735	766	654	710	751	783
3 »	960	1.042	1.102	1.148	982	1.065	1.127	1.174
4 »	1.280	1.389	1.469	1.531	1.309	1.420	1.502	1.566
5 »	1.600	1.736	1.837	1.914	1.636	1.775	1.878	1.957
6 »	1.920	2.083	2.204	2.297	1.963	2.130	2.254	2.348
7 »	2.240	2.430	2.571	2.680	2.290	2.485	2.629	2.740
8 »	2.560	2.778	2.938	3.062	2.618	2.840	3.005	3.131
9 »	2.880	3.125	3.306	3.445	2.945	3.195	3.380	3.523
10 »	3.200	3.472	3.673	3.828	3.272	3.550	3.756	3.914
11 »	3.520	3.819	4.040	4.211	3.599	3.905	4.132	4.305
12 »	3.840	4.166	4.408	4.594	3.926	4.260	4.507	4.697
13 »	4.160	4.514	4.775	4.976	4.254	4.615	4.883	5.088
14 »	4.480	4.861	5.142	5.359	4.581	4.970	5.258	5.480
15 »	4.800	5.208	5.510	5.742	4.908	5.325	5.634	5.871
16 »	5.120	5.555	5.877	6.125	5.235	5.680	6.010	6.262
17 »	5.440	5.902	6.244	6.508	5.562	6.035	6.385	6.654
18 »	5.760	6.250	6.611	6.890	5.890	6.390	6.761	7.045
19 »	6.080	6.597	6.979	7.273	6.217	6.745	7.136	7.437
20 »	6.400	6.944	7.346	7.656	6.544	7.100	7.512	7.828
21 »	6.720	7.291	7.713	8.039	6.871	7.455	7.888	8.219
22 »	7.040	7.638	8.081	8.422	7.198	7.810	8.263	8.611
23 »	7.360	7.986	8.448	8.804	7.526	8.165	8.639	9.002
24 »	7.680	8.333	8.815	9.187	7.853	8.520	9.014	9.394
25 »	8.000	8.680	9.183	9.570	8.180	8.875	9.390	9.785

LONGUEUR.	CIRCONFÉRENCE, 289 c. DIAMÈTRE, 92 centimèt.				CIRCONFÉRENCE, 292 c. DIAMÈTRE, 93 centimèt.			
	5e déduit.	6e déduit.	7e déduit.	8e déduit.	5e déduit.	6e déduit.	7e déduit.	8e déduit.
m. d.	m. d.	m. d.	m. d.	m. d.	m. d.	m. d.	m. d.	m. d.
2	67	73	77	80	68	74	78	82
4	134	145	154	160	137	148	157	163
6	201	218	231	240	205	222	235	245
8	268	290	307	320	273	297	314	327
1 »	335	363	384	400	342	371	392	409
2 »	669	726	768	800	683	741	784	817
3 »	1.004	1.089	1.153	1.200	1.025	1.112	1.177	1.226
4 »	1.339	1.452	1.537	1.600	1.367	1.480	1.569	1.635
5 »	1.674	1.815	1.921	2.001	1.709	1.854	1.961	2.044
6 »	2.008	2.177	2.305	2.401	2.050	2.224	2.353	2.452
7 »	2.343	2.540	2.689	2.801	2.392	2.595	2.745	2.861
8 »	2.678	2.903	3.074	3.201	2.734	2.966	3.138	3.270
9 »	3.012	3.266	3.458	3.601	3.075	3.336	3.530	3.678
10 »	3.347	3.629	3.842	4.001	3.417	3.707	3.922	4.087
11 »	3.682	3.992	4.226	4.401	3.759	4.078	4.314	4.496
12 »	4.016	4.355	4.610	4.801	4.100	4.448	4.706	4.904
13 »	4.351	4.718	4.995	5.201	4.422	4.819	5.099	5.313
14 »	4.686	5.081	5.379	5.601	4.784	5.190	5.491	5.722
15 »	5.021	5.444	5.763	6.002	5.126	5.561	5.883	6.131
16 »	5.355	5.806	6.147	6.402	5.467	5.931	6.275	6.539
17 »	5.690	6.169	6.531	6.802	5.809	6.302	6.667	6.948
18 »	6.025	6.532	6.916	7.202	6.151	6.673	7.060	7.357
19 »	6.359	6.895	7.300	7.602	6.492	7.043	7.452	7.765
20 »	6.694	7.258	7.684	8.002	6.834	7.414	7.844	8.174
21 »	7.029	7.621	8.068	8.402	7.176	7.785	8.236	8.583
22 »	7.363	7.984	8.452	8.802	7.517	8.155	8.628	8.991
23 »	7.698	8.347	8.837	9.202	7.859	8.526	9.021	9.399
24 »	8.033	8.710	9.221	9.602	8.201	8.897	9.413	9.808
25 »	8.368	9.073	9.605	10.003	8.543	9.268	9.805	10.217

LONGUEUR.	CIRCONFÉRENCE, 295 c. DIAMÈTRE, 94 centimèt.				CIRCONFÉRENCE, 299 c. DIAMÈTRE, 95 centimèt.			
	5° déduit.	6° déduit.	7° déduit.	8° déduit.	5° déduit.	6° déduit.	7° déduit.	8° déduit.
m. d.	m. d.	m. d.	m. d.	m. d.	m. d.	m. d.	m. d.	m. d.
2	70	76	80	83	71	77	82	85
4	140	152	160	165	143	155	164	171
6	209	228	240	248	214	232	246	256
8	279	303	321	331	285	310	327	341
1 »	349	379	401	414	357	387	409	427
2 »	698	758	802	827	713	774	819	855
3 »	1.047	1.138	1.202	1.241	1.070	1.161	1.228	1.280
4 »	1.396	1.517	1.603	1.654	1.426	1.548	1.637	1.700
5 »	1.746	1.896	2.004	2.068	1.783	1.935	2.047	2.133
6 »	2.095	2.275	2.405	2.482	2.139	2.323	2.456	2.560
7 »	2.444	2.654	2.806	2.895	2.496	2.710	2.865	2.986
8 »	2.793	3.034	3.206	3.309	2.852	3.097	3.274	3.413
9 »	3.142	3.413	3.607	3.722	3.209	3.484	3.684	3.839
10 »	3.491	3.792	4.008	4.136	3.565	3.871	4.093	4.266
11 »	3.840	4.171	4.409	4.550	3.922	4.258	4.502	4.693
12 »	4.189	4.550	4.810	4.963	4.278	4.645	4.912	5.119
13 »	4.538	4.930	5.210	5.377	4.635	5.032	5.321	5.546
14 »	4.887	5.309	5.611	5.790	4.991	5.419	5.730	5.972
15 »	5.237	5.688	6.012	6.204	5.348	5.806	6.140	6.399
16 »	5.586	6.067	6.413	6.618	5.704	6.194	6.549	6.826
17 »	5.935	6.446	6.814	7.031	6.061	6.581	6.958	7.252
18 »	6.284	6.826	7.214	7.445	6.417	6.968	7.367	7.679
19 »	6.633	7.205	7.615	7.858	6.774	7.355	7.777	8.105
20 »	6.982	7.584	8.016	8.272	7.130	7.742	8.186	8.532
21 »	7.331	7.963	8.417	8.686	7.487	8.129	8.595	8.959
22 »	7.680	8.342	8.818	9.099	7.843	8.516	9.004	9.385
23 »	8.029	8.722	9.218	9.513	8.200	8.903	9.414	9.812
24 »	8.378	9.101	9.619	9.926	8.556	9.290	9.823	10.239
25 »	8.728	9.480	10.020	10.340	9.013	9.687	10.233	10.665

LONGUEUR.	CIRCONFÉRENCE, 302 c. DIAMÈTRE , 96 centimèt.				CIRCONFÉRENCE, 305 c. DIAMÈTRE , 97 centimèt.			
	5ᶜ déduit.	6ᶜ déduit.	7ᶜ déduit.	8ᶜ déduit.	5ᶜ déduit.	6ᶜ déduit.	7ᵒ déduit.	8ᵉ déduit.
m. d.	m. d.	m. d.	m. d.	m. d.	m. d.	m. d.	m. d.	m. d.
2	73	79	84	87	74	81	85	89
4	146	158	167	174	149	161	171	178
6	218	237	251	261	223	242	256	267
8	291	316	334	348	297	323	341	356
1 »	364	395	418	436	372	403	427	445
2 »	728	790	836	871	743	807	853	889
3 »	1.092	1.185	1.254	1.307	1.115	1.210	1.280	1.334
4 »	1.456	1.580	1.672	1.742	1.487	1.614	1.707	1.779
5 »	1.821	1.975	2.090	2.178	1.859	2.017	2.134	2.224
6 »	2.185	2.370	2.507	2.614	2.230	2.420	2.560	2.668
7 »	2.549	2.765	2.925	3.049	2.602	2.824	2.987	3.113
8 »	2.913	3.160	3.343	3.485	2.974	3.227	3.414	3.558
9 »	3.277	3.555	3.761	3.920	3.345	3.631	3.840	4.002
10 »	3.641	3.950	4.179	4.356	4.089	4.034	4.267	4.447
11 »	4.005	4.345	4.597	4.792	4.089	4.437	4.694	4.892
12 »	4.369	4.740	5.015	5.227	4.460	4.841	5.120	5.336
13 »	4.733	5.135	5.433	5.663	4.832	5.244	5.547	5.781
14 »	5.097	5.530	5.851	6.098	5.204	5.648	5.974	6.220
15 »	5.462	5.925	6.269	6.534	5.576	6.051	6.401	6.671
16 »	5.826	6.320	6.686	6.970	5.947	6.454	6.827	7.115
17 »	6.190	6.715	7.104	7.405	6.319	6.858	7.254	7.560
18 »	6.554	7.110	7.522	7.841	6.691	7.261	7.681	8.005
19 »	6.918	7.505	7.940	8.276	7.062	7.665	8.107	8.449
20 »	7.282	7.900	8.358	8.712	7.434	8.068	8.534	8.894
21 »	7.646	8.295	8.776	9.148	7.806	8.471	8.961	9.339
22 »	8.010	8.690	9.194	9.583	8.177	8.875	9.387	9.783
23 »	8.374	9.085	9.612	10.019	8.549	9.278	9.814	10.228
24 »	8.738	9.480	10.030	10.464	8.921	9.682	10.241	10.673
25 »	9.103	9.875	10.448	10.900	9.293	10.085	10.668	11.118

LONGUEUR	CIRCONFÉRENCE, 308 c. DIAMÈTRE, 98 centimèt.				CIRCONFÉRENCE, 311 c. DIAMÈTRE, 99 centimèt.			
	5ᵉ déduit.	6ᵉ déduit.	7ᵉ déduit.	8ᵉ déduit.	5ᵉ déduit.	6ᵉ déduit.	7ᵉ déduit.	8ᵉ déduit
m. d.	m. d.	m. d.	m. d.	m. d.	m. d.	m. d.	m. d.	m. d.
2	76	82	87	91	77	84	89	93
4	152	165	174	182	155	168	178	185
6	228	247	261	272	232	252	267	278
8	304	329	348	363	310	336	356	370
1 »	379	412	436	454	387	420	445	463
2 »	759	823	871	908	774	840	889	926
3 »	1.138	1.235	1.307	1.362	1.162	1.260	1.334	1.388
4 »	1.518	1.647	1.742	1.816	1.549	1.680	1.778	1.851
5 »	1.897	2.059	2.178	2.270	1.936	2.101	2.223	2.314
6 »	2.276	2.470	2.614	2.723	2.323	2.521	2.667	2.777
7 »	2.656	2.882	3.049	3.177	2.710	2.941	3.112	3.240
8 »	3.035	3.294	3.485	3.631	3.098	3.361	3.556	3.702
9 »	3.415	3.705	3.920	4.085	3.485	3.781	4.001	4.165
10 »	3.794	4.117	4.356	4.539	3.872	4.201	4.445	4.628
11 »	4.173	4.529	4.792	4.993	4.259	4.621	4.890	5.091
12 »	4.553	4.940	5.227	5.447	4.646	5.041	5.334	5.554
13 »	4.932	5.352	5.663	5.901	5.034	5.461	5.779	6.016
14 »	5.312	5.764	6.098	6.355	5.421	5.881	6.223	6.479
15 »	5.691	6.176	6.534	6.809	5.808	6.302	6.668	6.942
16 »	6.070	6.587	6.970	7.262	6.195	6.722	7.112	7.405
17 »	6.450	6.999	7.405	7.716	6.582	7.142	7.555	7.868
18 »	6.829	7.411	7.841	8.170	6.970	7.562	8.001	8.330
19 »	7.209	7.822	8.276	8.624	7.357	7.982	8.446	8.793
20 »	7.588	8.234	8.712	9.078	7.744	8.402	8.890	9.256
21 »	7.967	8.646	9.148	9.532	8.131	8.822	9.335	9.719
22 »	8.347	9.057	9.583	9.986	8.518	9.242	9.779	10.187
23 »	8.726	9.469	10.019	10.440	8.906	9.662	10.224	10.644
24 »	9.106	9.881	10.454	10.894	9.293	10.082	10.668	11.107
25 »	9.485	10.293	10.890	11.348	9.680	0.503	11.113	11.570

LONGUEUR.	CIRCONFÉRENCE, 314 c. DIAMÈTRE, 100 centim.				CIRCONFÉRENCE, c. DIAMÈTRE, centimèt.			
	5e déduit.	6e déduit.	7e déduit.	8e déduit	5e déduit.	6e déduit.	7e déduit.	8e déduit.
m. d.	m. d.	m. d.	m. d.	m. d.	m. d.	m. d.	m. d.	m. d.
2	79	86	91	94				
4	158	171	182	187				
6	237	257	273	281				
8	316	343	363	375				
1 »	395	429	454	469				
2 »	790	857	908	937				
3 »	1.185	1.286	1.363	1.406				
4 »	1.580	1.715	1.817	1.874				
5 »	1.975	2.144	2.271	2.343				
6 »	2.370	2.572	2.725	2.812				
7 »	2.765	3.001	3.179	3.280				
8 »	3.160	3.430	3.634	3.749				
9 »	3.555	3.858	4.088	4.217				
10 »	3.950	4.287	4.542	4.686				
11 »	4.345	4.716	4.996	5.155				
12 »	4.740	5.144	5.450	5.623				
13 »	5.135	5.573	5.905	6.092				
14 »	5.530	6.002	6.359	6.560				
15 »	5.925	6.431	6.813	7.029				
16 »	6.320	6.859	7.267	7.498				
17 »	6.715	7.288	7.721	7.966				
18 »	7.110	7.717	8.176	8.435				
19 »	7.505	8.145	8.630	8.903				
20 »	7.900	8.574	9.084	9.372				
21 »	8.295	9.003	9.538	9.841				
22 »	8.600	9.431	9.992	10.309				
23 »	9.085	9.860	10.447	10.778				
24 »	9.480	10.289	10.901	11.246				
25 »	9.875	10.718	11.355	11.715				

TROISIÈME PARTIE

PRODUITS CUBES

DES BOIS RONDS.

LONGUEUR.	CIRCONFÉRENCES.							
	25	28	31	35	38	41	44	47
	DIAMÈTRES.							
	8	9	10	11	12	13	14	15
	m. d.	m. d.	m. d.	m. d.	m. d.	m. d.	m. d.	m. d.
2		1	1	1	1	2	2	2	3
4		2	2	2	3	4	4	5	6
6		2	3	4	4	5	6	7	8
8		3	4	5	6	7	8	10	11
1 »	4	5	6	7	9	10	12	14
2 »	8	10	12	15	18	21	24	28
3 »	11	15	18	22	27	31	36	41
4 »	15	20	24	30	36	42	48	55
5 »	19	25	31	37	45	52	61	69
6 »	23	30	37	44	53	62	73	83
7 »	27	35	43	52	62	73	85	97
8 »	30	40	49	59	71	83	97	110
9 »	34	45	55	67	80	94	109	124
10 »	38	50	61	74	89	104	121	138
11 »	42	55	67	81	98	114	133	152
12 »	46	60	73	89	107	125	145	166
13 »	49	65	79	96	116	135	157	179
14 »	53	70	85	104	125	146	169	193
15 »	57	75	92	111	134	156	182	207
16 »	61	80	98	118	142	166	194	221
17 »	65	85	104	126	151	177	206	235
18 »	68	90	110	133	160	187	218	248
19 »	72	95	116	141	169	198	230	262
20 »	76	100	122	148	178	208	242	276
21 »	80	105	128	155	187	218	254	290
22 »	84	110	134	163	196	229	266	304
23 »	87	115	140	170	205	239	278	317
24 »	91	120	146	178	214	250	290	331
25 »	95	125	153	185	223	260	303	345

LONGUEUR.	CIRCONFÉRENCES.							
	50	53	57	60	63	66	69	72
	DIAMÈTRES.							
	16	17	18	19	20	21	22	23
m. d.	m. d.	m. d.	m. d.	m. d.	m. d.	m. d.	m. d.	m. d.
2	3	4	4	4	5	5	6	6
4	6	7	8	9	10	11	12	13
6	9	11	12	13	15	16	18	19
8	13	14	16	18	20	22	24	26
1 »	16	18	20	22	25	27	30	33
2 »	32	36	40	44	49	54	60	65
3 »	47	53	60	67	74	82	90	98
4 »	63	71	80	89	98	109	120	130
5 »	79	89	100	111	123	136	150	163
6 »	95	107	120	133	148	163	179	195
7 »	111	125	149	155	172	190	209	228
8 »	126	142	160	178	197	218	239	260
9 »	142	160	180	200	221	245	269	293
10 »	158	178	200	222	246	272	299	325
11 »	174	196	220	244	271	299	329	358
12 »	190	214	240	266	295	326	359	390
13 »	205	231	260	289	320	354	389	423
14 »	221	249	280	311	344	381	419	455
15 »	237	267	300	333	369	408	449	488
16 »	253	285	320	355	394	435	478	520
17 »	269	303	349	377	418	462	508	553
18 »	284	320	360	400	443	490	538	585
19 »	300	338	380	422	467	517	568	618
20 »	316	356	400	444	492	544	598	650
21 »	332	374	420	466	517	571	628	683
22 »	348	392	440	488	541	598	658	715
23 »	363	409	460	511	566	626	688	748
24 »	379	427	480	533	590	653	718	780
25 »	395	445	500	555	615	680	748	813

LONGUEUR.	CIRCONFÉRENCES.							
	75	79	82	85	88	91	94	97
	DIAMÈTRES.							
	24	25	26	27	28	29	30	31
m. d.	m. d.	m. d.	m. d.	m. d.	m. d.	m. d.	m. d.	m. d.
2	7	8	8	9	10	10	11	12
4	14	15	17	18	19	21	22	24
6	21	23	25	27	29	31	33	36
8	28	31	33	36	39	42	44	47
1 »	35	39	42	45	48	52	56	59
2 »	71	77	83	90	97	104	111	119
3 »	106	116	125	135	145	156	167	178
4 »	141	154	167	180	194	208	212	237
5 »	177	193	209	225	242	260	278	297
6 »	212	231	250	270	290	311	333	356
7 »	247	270	292	315	339	363	389	415
8 »	282	308	334	360	387	415	444	474
9 »	318	347	375	405	436	467	500	534
10 »	353	385	417	450	484	519	555	593
11 »	388	424	459	495	533	571	611	652
12 »	424	462	500	540	581	623	666	712
13 »	459	501	542	585	629	675	722	771
14 »	494	539	684	630	678	727	777	830
15 »	530	578	626	675	726	779	833	890
16 »	565	616	667	720	774	830	888	949
17 »	600	655	709	765	823	882	944	1.008
18 »	635	693	751	810	871	934	999	1.067
19 »	671	732	892	855	920	986	1.055	1.127
20 »	706	770	834	900	968	1.038	1.110	1.186
21 »	741	809	976	945	1.016	1.090	1.166	1.245
22 »	777	847	917	990	1.065	1.142	1.221	1.305
23 »	812	886	959	1.035	1.113	1.194	1.277	1.364
24 »	848	924	1.004	1.080	1.162	1.246	1.332	1.423
25 »	883	963	1.043	1.125	1.210	1.298	1.388	1.483

LONGUEUR	CIRCONFÉRENCES.							
	101	104	107	110	113	116	119	123
	DIAMÈTRES.							
	32	33	34	35	36	37	38	39
m. d.	m. d.	m. d.	m. d.	m. d.	m. d.	m. d.	m. d.	m. d.
2	13	13	14	15	16	17	18	19
4	25	27	29	30	32	34	36	38
6	38	40	43	45	48	51	53	56
8	51	54	57	60	64	68	71	75
1 »	63	67	71	76	80	85	89	94
2 »	126	134	143	151	160	169	178	188
3 »	190	201	214	227	240	254	267	282
4 »	253	268	285	302	320	338	356	376
5 »	316	336	357	378	400	423	446	470
6 »	379	403	428	454	480	507	535	563
7 »	442	470	499	529	560	592	624	657
8 »	506	537	570	605	640	676	713	751
9 »	569	604	642	680	720	761	802	845
10 »	632	671	713	756	800	845	891	939
11 »	695	738	784	832	880	930	990	1.033
12 »	758	805	856	907	960	1.014	1.069	1.127
13 »	822	872	927	983	1.040	1.099	1.158	1.221
14 »	885	939	998	1.058	1.120	1.183	1.247	1.315
15 »	948	1.007	1.070	1.134	1.200	1.268	1.337	1.409
16 »	1.011	1.074	1.141	1.210	1.280	1.352	1.426	1.502
17 »	1.074	1.141	1.212	1.285	1.360	1.437	1.515	1.596
18 »	1.138	1.208	1.283	1.361	1.440	1.521	1.604	1.690
19 »	1.201	1.275	1.355	1.436	1.520	1.606	1.693	1.784
20 »	1.264	1.342	1.426	1.512	1.600	1.690	1.782	1.878
21 »	1.327	1.409	1.497	1.588	1.680	1.775	1.871	1.972
22 »	1.390	1.476	1.569	1.663	1.760	1.859	1.960	2.066
23 »	1.454	1.543	1.640	1.739	1.840	1.844	2.049	2.160
24 »	1.517	1.610	1.711	1.814	1.920	2.028	2.138	2.254
25 »	1.580	1.678	1.783	1.890	2.000	2.113	2.228	2.348

LONGUEUR.	CIRCONFÉRENCES.							
	126	129	132	135	138	141	145	148
	DIAMÈTRES.							
	40	41	42	43	44	45	46	47
m. d.	m. d.	m. d.	m. d.	m. d.	m. d.	m. d.	m. d.	m. d.
2	20	21	22	23	24	25	26	27
4	40	42	44	46	48	50	52	55
6	59	62	65	68	72	75	78	82
8	79	83	87	91	96	100	104	109
1 »	99	104	109	114	120	125	131	136
2 »	198	208	218	228	239	249	261	273
3 »	296	311	327	342	359	374	392	409
4 »	395	415	436	456	478	498	522	545
5 »	494	519	545	571	598	623	653	682
6 »	593	623	653	685	717	747	784	818
7 »	692	727	762	799	837	872	914	954
8 »	790	830	871	913	956	996	1.045	1.090
9 »	889	934	980	1.027	1.076	1.121	1.175	1.227
10 »	988	1.038	1.089	1.141	1.195	1.245	1.306	1.363
11 »	1.087	1.142	1.198	1.255	1.315	1.370	1.437	1.499
12 »	1.186	1.246	1.307	1.369	1.434	1.494	1.567	1.636
13 »	1.284	1.349	1.416	1.483	1.554	1.619	1.698	1.772
14 »	1.383	1.453	1.525	1.597	1.673	1.743	1.828	1.908
15 »	1.482	1.557	1.634	1.712	1.793	1.868	1.959	2.045
16 »	1.581	1.661	1.742	1.826	1.912	1.992	2.090	2.181
17 »	1.680	1.765	1.851	1.940	2.032	2.117	2.220	2.317
18 »	1.778	1.868	1.960	2.054	2.151	2.241	2.351	2.453
19 »	1.877	1.972	2.069	2.168	2.271	2.366	2.481	2.590
20 »	1.976	2.076	2.178	2.282	2.390	2.490	2.612	2.726
21 »	2.075	2.180	2.287	2.396	2.510	2.615	2.743	2.862
22 »	2.174	2.284	2.396	2.510	2.629	2.739	2.873	2.999
23 »	2.272	2.387	2.505	2.624	2.749	2.864	3.004	3.135
24 »	2.371	2.491	2.614	2.738	2.868	2.988	3.134	3.271
25 »	2.470	2.595	2.723	2.853	2.988	3.113	3.265	3.408

LONGUEUR.	CIRCONFÉRENCES.							
	151	154	157	160	163	167	170	173
	DIAMÈTRES.							
	48	49	50	51	52	53	54	55
m. d.	m. d.	m. d.	m. d.	m. d.	m. d.	m. d.	m. d.	m. d.
2	28	30	31	32	33	35	36	37
4	57	59	62	64	67	69	72	75
6	85	89	93	96	100	104	108	112
8	113	119	124	128	134	139	144	149
1 »	142	148	154	161	167	173	180	187
2 »	283	296	309	321	334	347	360	374
3 »	325	445	463	482	501	520	540	560
4 »	567	593	617	642	668	694	720	747
5 »	709	741	772	803	835	867	900	934
6 »	850	889	926	964	1.001	1.040	1.080	1.121
7 »	992	1.037	1.081	1.124	1.168	1.214	1.260	1.308
8 »	1.134	1.186	1.235	1.285	1.335	1.387	1.440	1.494
9 »	1.275	1.334	1.390	1.445	1.502	1.561	1.620	1.681
10 »	1.417	1.482	1.543	1.606	1.669	1.734	1.800	1.868
11 »	1.559	1.630	1.697	1.767	1.836	1.907	1.980	2.055
12 »	1.700	1.778	1.852	1.927	2.003	2.081	2.160	2.242
13 »	1.842	1.927	2.006	2.088	2.170	2.254	2.340	2.428
14 »	1.984	2.075	2.160	2.248	2.337	2.428	2.520	2.615
15 »	2.126	2.223	2.315	2.409	2.504	2.601	2.700	2.802
16 »	2.267	2.371	2.469	2.570	2.670	2.774	2.880	2.989
17 »	2.409	2.519	2.623	2.730	2.837	2.948	3.060	3.176
18 »	2.551	2.668	2.777	2.891	3.004	3.121	3.240	3.362
19 »	2.692	2.816	2.934	3.051	3.171	3.295	3.420	3.549
20 »	2.834	2.964	3.086	3.212	3.338	3.468	3.600	3.736
21 »	2.976	3.112	3.240	3.373	3.505	3.641	3.780	3.923
22 »	3.117	3.260	3.395	3.533	3.672	3.815	3.960	4.110
23 »	3.259	3.409	3.549	3.694	3.839	3.988	4.140	4.296
24 »	3.401	3.557	3.703	3.854	4.006	4.162	4.320	4.483
25 »	3.543	3.705	3.858	4.015	4.173	4.335	4.500	4.670

LONGUEUR.	CIRCONFÉRENCES.							
	176	179	182	185	189	192	195	198
	DIAMÈTRES.							
	56	57	58	59	60	61	62	63
m. d.	m. d.	m. d.	m. d.	m. d.	m. d.	m. d.	m. d.	m. d.
2	39	40	42	43	44	46	47	49
4	77	80	83	86	89	92	95	98
6	116	120	125	129	133	138	142	147
8	155	160	166	172	177	184	190	196
1 »	194	201	208	215	222	230	237	245
2 »	387	401	415	430	444	459	475	490
3 »	581	602	623	645	667	689	712	735
4 »	774	802	830	860	889	918	949	980
5 »	968	1.003	1.038	1.075	1.111	1.148	1.187	1.225
6 »	1.162	1.203	1.246	1.289	1.333	1.378	1.424	1.470
7 »	1.355	1.404	1.453	1.504	1.555	1.607	1.661	1.715
8 »	1.549	1.604	1.661	1.719	1.778	1.837	1.898	1.960
9 »	1.742	1.805	1.868	1.934	2.000	2.066	2.136	2.205
10 »	1.936	2.005	2.076	2.149	2.222	2.296	2.373	2.450
11 »	2.130	2.206	2.284	2.364	2.444	2.526	2.610	2.695
12 »	2.323	2.406	2.491	2.579	2.666	2.755	2.848	2.940
13 »	2.517	2.607	2.699	2.794	2.888	2.985	3.085	3.185
14 »	2.710	2.807	2.906	3.009	3.111	3.214	3.322	3.430
15 »	2.904	3.008	3.114	3.224	3.333	3.444	3.560	3.675
16 »	3.098	3.208	3.322	3.438	3.555	3.674	3.797	3.920
17 »	3.291	3.409	3.529	3.653	3.777	3.903	4.034	4.165
18 »	3.485	3.609	3.737	3.868	4.000	4.133	4.271	4.440
19 »	3.678	3.810	3.944	4.083	4.222	4.362	4.509	4.655
20 »	3.872	4.010	4.152	4.298	4.444	4.592	4.746	4.900
21 »	4.066	4.211	4.360	4.513	4.666	4.822	4.983	5.145
22 »	4.259	4.411	4.567	4.728	4.888	5.051	5.221	5.390
23 »	4.453	4.612	4.775	4.943	5.111	5.284	5.458	5.635
24 »	4.646	4.812	4.982	5.158	5.333	5.510	5.695	5.880
25 »	4.840	5.013	5.190	5.373	5.555	5.740	5.933	6.125

LONGUEUR.	CIRCONFÉRENCES.							
	204	204	207	211	214	217	220	223
	DIAMÈTRES.							
	64	65	66	67	68	69	70	71
m. d.	m. d.	m. d.	m. d.	m. d.	m. d.	m. d.	m. d.	m. d.
2	51	52	54	55	57	59	61	62
4	101	104	108	111	114	118	121	124
6	152	156	161	166	171	176	182	186
8	202	209	215	222	228	235	242	248
1 »	253	261	269	277	285	294	303	311
2 »	306	522	538	555	571	588	605	622
3 »	759	782	806	832	856	882	908	933
4 »	1.012	1.043	1.075	1.109	1.142	1.176	1.210	1.244
5 »	1.265	1.304	1.344	1.387	1.427	1.470	1.513	1.556
6 »	1.517	1.565	1.613	1.664	1.712	1.763	1.815	1.867
7 »	1.770	1.826	1.882	1.941	1.998	2.057	2.118	2.178
8 »	2.023	2.086	2.150	2.218	2.283	2.351	2.420	2.489
9 »	2.276	2.347	2.419	2.496	2.569	2.645	2.723	2.800
10 »	2.529	2.608	2.688	2.773	2.854	2.939	3.025	3.111
11 »	2.782	2.869	2.957	3.050	3.139	3.233	3.328	3.422
12 »	3.035	3.130	3.226	3.328	3.425	3.527	3.630	3.733
13 »	3.288	3.390	3.494	3.605	3.710	3.821	3.933	4.044
14 »	3.541	3.651	3.763	3.882	3.996	4.115	4.235	4.355
15 »	3.794	3.912	4.032	4.160	4.281	4.409	4.538	4.667
16 »	4.046	4.173	4.301	4.437	4.566	4.702	4.840	4.978
17 »	4.299	4.434	4.570	4.714	4.852	4.996	5.143	5.289
18 »	4.552	4.694	4.838	4.991	5.137	5.290	5.445	5.600
19 »	4.805	4.955	5.107	5.269	5.423	5.584	5.748	5.911
20 »	5.058	5.216	5.376	5.546	5.708	5.878	6.050	6.222
21 »	5.311	5.477	5.645	5.823	5.993	6.172	6.353	6.533
22 »	5.564	5.738	5.914	6.101	6.279	6.466	6.655	6.844
23 »	5.817	5.998	6.182	6.378	6.564	6.760	6.958	7.155
24 »	6.070	6.259	6.451	6.655	6.849	7.054	7.260	7.466
25 »	6.323	6.520	6.720	6.933	7.135	7.348	7.563	7.778

TABLE DES MATIÈRES.

FIN DE LA TABLE.

Poitiers. — Imp. de A. Dupré.

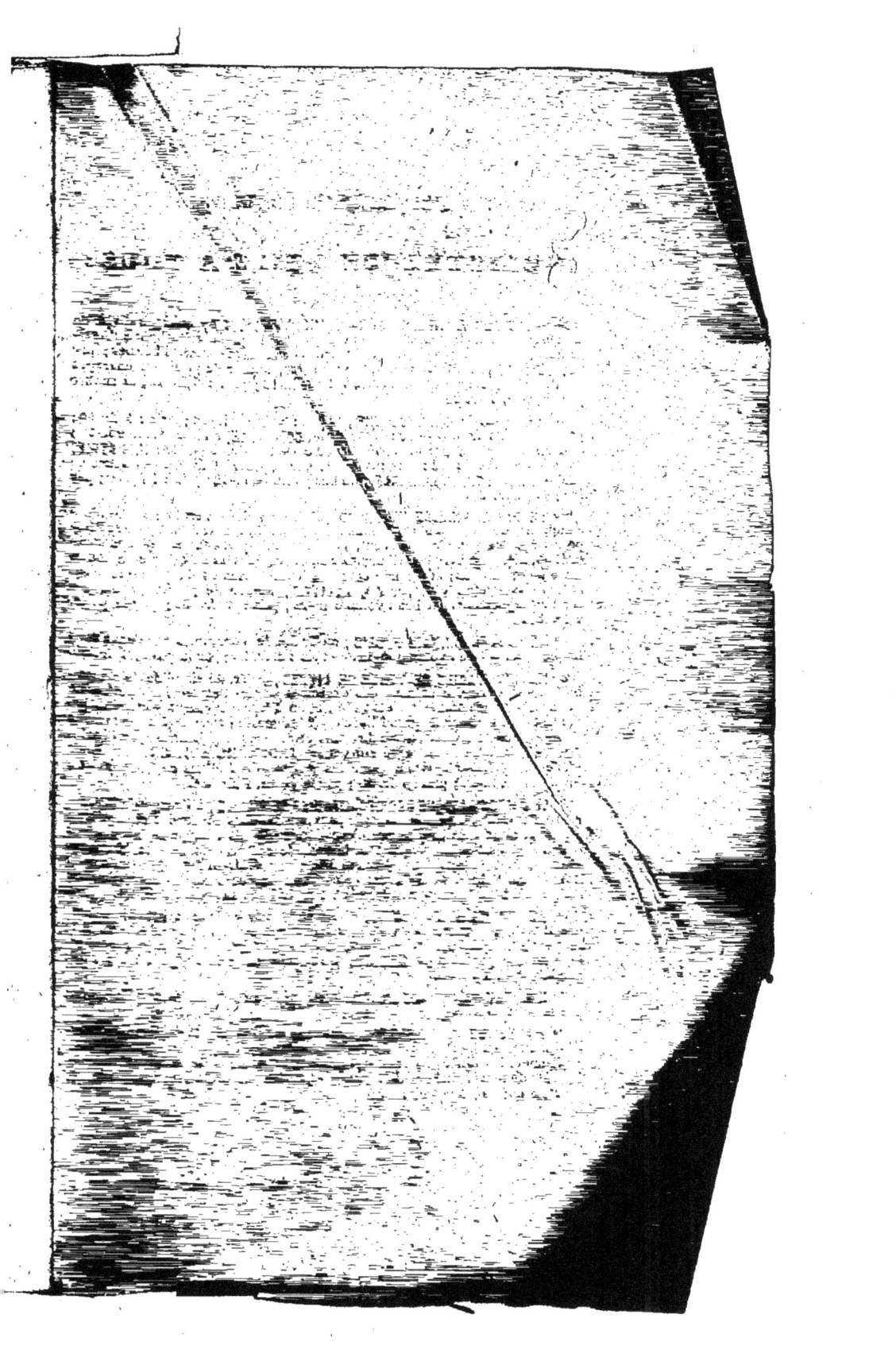

www.ingramcontent.com/pod-product-compliance
Lightning Source LLC
Chambersburg PA
CBHW072345200326
41519CB00015B/3666